Photoshop CC 从入门到精通

方国平/编著

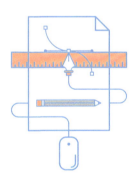

电子工业出版社

Publishing House of Electronics Industry

北京·BEIJING

内容简介

本书由经验丰富的设计师编写，以循序渐进的方式，讲解了 Photoshop CC 软件的基本操作工具、画笔与渐变、图层、选区和抠图、照片修复与修饰、图像调色、图像蒙版与通道、文字与排版、矢量路径、滤镜、动作效果、GIF 动画制作、照片管理和处理、新媒体广告、电商营销海报和平面设计广告，并配有丰富的实战案例，以带领读者快速掌握 Photoshop 软件的精髓。

本书结构清晰、文字通俗流畅、实例丰富精美，适合从事平面设计、UI 设计、网页设计、摄影后期制作、自媒体设计、电商设计等工作的读者使用，也可以作为相关院校的电子商务和设计类专业的教材使用。

本书配备了超大容量的多媒体教学视频，以及与书中的案例配套的素材，读者可以借助教学视频中的内容更好、更快地学习 Photoshop 软件。

未经许可，不得以任何方式复制或抄袭本书之部分或全部内容。
版权所有，侵权必究。

图书在版编目（CIP）数据

Photoshop CC 从入门到精通 / 方国平编著 . —北京：电子工业出版社，2020.6
ISBN 978-7-121-38983-2

Ⅰ.① P… Ⅱ.①方… Ⅲ.①图像处理软件 Ⅳ.① TP391.413

中国版本图书馆 CIP 数据核字 (2020) 第 075870 号

责任编辑：孔祥飞
印　　刷：北京天宇星印刷厂
装　　订：北京天宇星印刷厂
出版发行：电子工业出版社
　　　　　北京市海淀区万寿路 173 信箱　　邮编 100036
开　　本：720×1 000　1/16　印张：19.25　字数：313.34 千字
版　　次：2020 年 6 月第 1 版
印　　次：2023 年 1 月第 8 次印刷
定　　价：89.00 元

凡所购买电子工业出版社图书有缺损问题，请向购买书店调换。若书店售缺，请与本社发行部联系，联系及邮购电话：（010）88254888，88258888。

质量投诉请发邮件至 zlts@phei.com.cn，盗版侵权举报请发邮件至 dbqq@phei.com.cn。

本书咨询联系方式：（010）51260888-819，faq@phei.com.cn。

前　言

本书是初学者快速自学Photoshop的教程，全书从实用角度出发，全面、系统地讲解了Photoshop的所有应用功能，涵盖了Photoshop的全部工具、面板和菜单命令，同时安排了实战性的案例及详细的演示过程，并配备了快捷键查询表。

本书解决了很多入门读者只学习操作步骤，忽略实际应用，在解决实际问题时无从下手的问题，帮助入门读者摆脱在学习过程中的无措，让读者能够系统、高效地学习Photoshop。本书在案例上更加突出针对性、实用性和技术剖析的力度，对于摄影后期制作、电商设计、平面设计、UI设计、自媒体设计等均有讲解。

本书特点

1. 零起点、入门快

本书以初学者为主要读者对象，通过对基础知识的介绍，结合摄影后期制作、电商设计、自媒体设计、UI设计、平面设计等实战案例进行详细讲解，同时给出技巧提示，确保读者零起点、轻松、快速入门。

2. 内容细致全面

本书涵盖了Photoshop制作各个方面的内容，可以说是Photoshop入门者高效学习的适宜教程。

3. 案例精美实用

本书的案例经过精心挑选，确保其在实用的基础上效果精美，让读者在学习中体会到美。

4. 编写思路符合学习规律

本书在讲解过程中采用了知识点和综合案例相结合的方式，符合广大初学者"轻松易学"的学习要求。

5．附带高价值教学视频

本书附带一套教学视频，将重点知识与商业案例相结合，并提供全书所有案例的配套素材与源文件。读者可以方便地看视频、使用素材，对照书中的步骤进行操作，循序渐进，点滴积累，快速进步。

读者按照本书的章节顺序进行学习并加以练习，很快就能学会Photoshop的使用方法和技巧，以胜任平面设计、电商设计、UI设计、网页设计、摄影后期制作、自媒体设计等方面的工作。

本书服务

1．交流答疑微信群

为了方便读者提问和交流，我们特意建立了Photoshop交流群：添加笔者微信310434208（备注"PS图书"）后即可入群。

2．微信公众号交流

为了方便读者提问和交流，我们特意建立了微信公众号，打开微信添加公众号"鼎锐教育服务号"，点击菜单"个人中心"，进入"学习社群"，可以交流在学习Photoshop过程中遇到的问题。

3．每周一练

为了方便读者学习，读者可以在微信公众号"鼎锐教育服务号"中点击菜单"每周一练"，进行练习。

4．留言和关注最新动态

为了方便作者与读者的沟通、交流，读者可以关注微信公众号"鼎锐教育服务号"。在公号中会及时发布与本书有关的信息，包括读者答疑、勘误信息等。

致谢

笔者在编写这本书的时候得到了很多人的帮助,感谢海兰对图书编写的悉心指导,感谢天猫对鼎锐教育旗舰店的支持,感谢鼎锐教育全体成员的支持,感谢方浩、张成洋、张亮、史训东的帮助,感谢电子工业出版社孔祥飞编辑的大力支持,感谢我的爱人和儿子的理解、支持。衷心感谢所有支持和帮助过我的人。

由于笔者水平有限,书中难免存在错误和不妥之处,希望广大读者批评、指正。如果在学习过程中发现问题或有更好的建议,欢迎通过微信公众号"鼎锐教育服务号"或邮箱 idingrui@foxmail.com 与我们联系。

作　者

读者服务

微信扫码回复:38983
- 获取博文视点学院 20 元付费内容抵扣券
- 获取免费增值资源
- 加入读者交流群,与更多读者互动
- 获取精选书单推荐

目 录

第1章 认识Photoshop CC 1
1.1 Photoshop应用领域 2
1.2 Photoshop工具界面 5
1.3 文档的基本操作 12
1.3.1 新建图像文件 12
1.3.2 打开图像文件 13
1.3.3 保存图像文件 14
1.3.4 位图与矢量图 14
1.4 辅助工具 15
1.5 调整图像尺寸和裁剪工具 17
1.5.1 调整图像尺寸 17
1.5.2 裁剪工具 18

第2章 画笔与渐变 21
2.1 认识画笔工具 22
2.2 画笔设置 24
2.2.1 画笔笔尖形状 25
2.2.2 形状动态 26
2.2.3 散布 27
2.2.4 纹理 28
2.2.5 双重画笔 29
2.2.6 颜色动态 29
2.2.7 传递 30
2.2.8 画笔笔势 30
2.3 自定义画笔 30
2.4 历史记录画笔和历史记录艺术画笔 33
2.4.1 历史记录画笔 33

		2.4.2 历史记录艺术画笔	34
2.5	减淡、加深、海绵工具的运用		36
		2.5.1 减淡工具和加深工具	36
		2.5.2 海绵工具	37
2.6	渐变工具		39

第3章 图层 ... 44

3.1	认识图层		45
3.2	排列与分布图层		47
	3.2.1	调整图层的顺序	47
	3.2.2	对齐图层	48
	3.2.3	分布对齐	49
3.3	图层混合模式		50
	3.3.1	正片叠底模式	51
	3.3.2	滤色模式	52
	3.3.3	叠加模式	54
3.4	用图层样式制作金属字		55

第4章 选区和抠图 ... 66

4.1	抠图的方法		67
	4.1.1	基本形状选择法	67
	4.1.2	色调对比选择法	67
	4.1.3	快速蒙版选择法	68
	4.1.4	通道选择法	68
	4.1.5	钢笔选择法	69
4.2	选区的基本操作		69
4.3	套索工具抠图		72
	4.3.1	套索工具	72
	4.3.2	多边形套索工具	72
	4.3.3	磁性套索工具	73
	4.3.4	多边形套索工具抠图案例	73

4.4	快速选择工具	75
4.5	魔棒工具	77
4.6	色彩范围抠图	80
4.7	选择并遮住抠图	83
4.8	对象选择工具	85

第5章 照片修复与修饰 87

5.1	仿制图章工具	88
5.2	污点修复画笔工具	90
5.3	修补工具	92
5.4	内容感知移动工具	93
5.5	液化滤镜工具	95

第6章 图像调色 98

6.1	调色工具分类	99
6.2	黑白调色	99
6.3	用色相/饱和度给衣服换颜色	101
6.4	色阶	104
6.5	曲线	106
6.6	色彩平衡	108
6.7	可选颜色	110
6.8	通道混合器	112
6.9	LOMO照片调色	113

第7章 图像蒙版与通道 119

7.1	图层蒙版	120
7.2	矢量蒙版	122
7.3	剪贴蒙版	124
7.4	通道	128

第8章 文字与排版 ... 135

8.1 认识文字工具 ... 136
8.2 段落、文字排版 ... 140
8.3 路径文字 ... 141
8.4 宣传单制作案例 ... 142

第9章 矢量路径 ... 149

9.1 钢笔路径 ... 150
9.2 矢量形状 ... 154
9.3 路径运算 ... 158
9.4 案例：制作尺码信息表 ... 160
9.5 图标绘制 ... 164

第10章 滤镜 ... 169

10.1 认识滤镜库 ... 170
10.2 风格化滤镜组 ... 173
10.3 模糊工具组 ... 176
10.4 锐化 ... 181
10.5 马赛克工具 ... 183
10.6 镜头光晕滤镜 ... 184
10.7 杂色滤镜组 ... 185

第11章 动作效果 ... 187

11.1 认识动作 ... 188
11.2 创建添加水印动作 ... 190
11.3 调色动作 ... 195

第12章 GIF动画制作 ... 198

12.1 动画 ... 199

12.2 制作公众号关注动画 ... 203

第13章 照片管理和处理 ... 213

13.1 Bridge照片管理 ... 214
13.2 Camera Raw处理照片 ... 227

第14章 新媒体广告 ... 236

14.1 课程封面 ... 237
14.2 公众号封面 ... 240
14.3 横版二维码 ... 246
14.4 方形二维码 ... 250
14.5 朋友圈封面 ... 252
14.6 打卡海报 ... 257

第15章 电商营销海报 ... 261

15.1 手机海报 ... 262
15.2 电商海报 ... 267
15.3 邀请函 ... 273
15.4 微商海报 ... 277

第16章 平面广告 ... 280

16.1 招贴海报 ... 281
16.2 代金券 ... 284
16.3 展架 ... 287

附录 Photoshop CC快捷键 ... 296

第1章
认识Photoshop CC

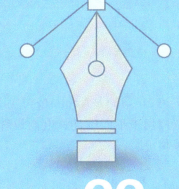

　　Photoshop是一款图形图像处理软件,是设计行业必不可少的工具。为了能够更好地使用Photoshop对图形图像进行处理,我们首先要掌握这款软件的一些基础知识,比如它的应用领域、软件工作界面的组成,以及工具的使用方法等。

1.1 Photoshop应用领域

Photoshop是Adobe公司旗下知名的图形图像处理软件，由于其功能强大，被广泛应用于平面设计、电商设计、UI设计、自媒体设计、摄影后期制作、数码插画等领域。

1. 平面设计

Photoshop的出现为平面设计行业带来了革命性的变化。平面设计行业是Photoshop应用最为广泛的领域，无论是图书封面，还是招贴海报，这些平面印刷品都需要Photoshop软件对图像进行处理，如图1-1所示。

图1-1 平面设计

2. 电商设计

电商平台首页和详情页的设计与制作离不开Photoshop。通过Photoshop处理产品图片，设计电商平台首页、海报和产品详情页等，然后将制作好的图片上传到电商平台，如图1-2所示。

3. UI设计

随着科技的发展，智能手机、便携式计算机的功能越来越丰富，对UI设计师的需求也越来越多。UI设计主要包括设计图标、App界面和交互,通过Photoshop可以对App界面进行布局,对图标和按钮进行设计,对文字进行排版,以及对素材进行抠取和合成,如图1-3所示。

图1-2　电商设计

图1-3　UI设计

4．自媒体设计

随着今日头条、微信公众号和微博等自媒体平台的发展，出现了大量的自媒体从业人员，自媒体从业人员可以通过Photoshop软件制作公众号头图等，需要掌握图片的尺寸修改、图片的排版和颜色的搭配等技能，如图1-4所示。

图1-4　公众号头图设计

5．摄影后期制作

Photoshop是摄影师的必备工具，Photoshop提供了图像调色命令和图像修饰工具，对摄影师处理照片发挥着巨大的作用。通过Photoshop可以快速实现对图片的调色，以及合成照片等，如图1-5所示。

图1-5　摄影后期制作

6．数码插画

Photoshop不但能实现逼真的传统绘画效果，还能实现众多的数码插画效果，如图1-6所示。

图1-6　数码插画

1.2　Photoshop工具界面

打开Photoshop后，就能看到它的工作界面。在学习前需要对工作界面有一个深入的了解，并熟悉界面中各部分功能的作用，以便更快地掌握Photoshop。Photoshop 2020启动界面如图1-7所示。

图1-7　Photoshop 2020启动界面

Photoshop CC从入门到精通

Photoshop的工作界面由菜单栏、工具箱、属性栏、面板和状态栏等部分组成，如图1-8所示。

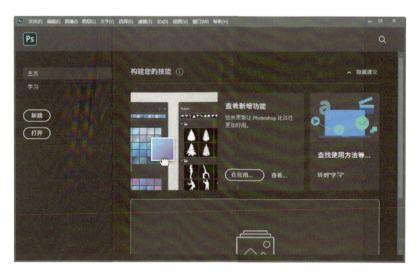

图1-8　Photoshop工作界面

菜单栏

菜单栏中的11个菜单主要包含图像的存储、色彩的调整、选区的选择、特效的制作等操作命令，从左至右依次为文件、编辑、图像、图层、文字、选择、滤镜、3D、视图、窗口和帮助。每个菜单项下以分类的形式集合了多个命令，单击菜单项，然后在弹出的下拉菜单中选择相应的命令，可以实现需要的操作，如图1-9所示。

图1-9　菜单栏

工具箱

工具箱中集合了图像处理过程中需要使用的工具，使用它们可以绘制图像、修饰图像、创建选区，以及调整图像显示比例等。工具箱的默认位置在工作界面左侧，通过拖动其顶部可以将其拖放到工作界面的任意位置。在工具箱中单击需要选择的工具按钮，即可选中该工具，若工具按钮右下角有一个三角形图标，则表示这是一个工具箱，在该工具图标上单击鼠标右键（简称右击）可以弹出隐藏的工具，工具箱如图1-10所示。

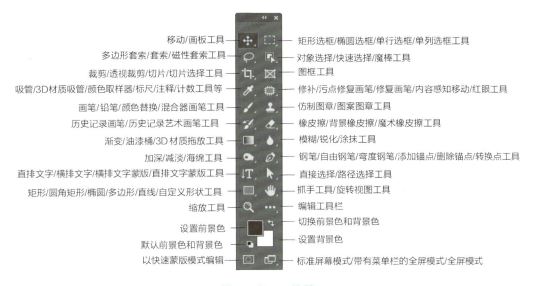

图1-10 工具箱

工具箱中各工具的作用如下。

- 移动工具：用于移动图层、参考线、形状或选中的像素。
- 画板工具：用于创建、移动多个画板或调整其大小
- 矩形选框工具：用于创建矩形选区和正方形选区。
- 椭圆选框工具：用于创建椭圆选区和正圆选区。
- 单行选框工具：用于创建高度为1像素的选区，一般用于制作网格效果。
- 单列选框工具：用于创建宽度为1像素的选区，一般用于制作网格效果。
- 多边形套索工具：用于创建转角比较强烈的选区。
- 套索工具：自由绘制出形状不规则的选区。
- 磁性套索工具：能够通过颜色上的差异自动识别对象的边界。
- 对象选择工具：在定义的一个区域内查找并自动选择一个对象。
- 快速选择工具：利用可调整的圆形笔尖快速绘制出选区。
- 魔棒工具：在图像中单击，可快速选择颜色相近的区域。

裁剪工具：以任意尺寸裁剪图像。

透视裁剪工具：使用该工具可以在需要裁剪的图像上制作出带有透视感的裁剪框。

切片工具：用于为图像绘制切片。

切片选择工具：用于编辑、调整切片。

图框工具：为图像创建占位符图框。

吸管工具：用于吸取图像中任意颜色作为前景色，按住Alt键进行吸取时，可将吸取颜色设置为背景色。

3D材质吸管工具：用于快速吸取3D模型中各部分的材质。

颜色取样器工具：显示图像中的颜色值。

标尺工具：在"信息"面板中显示拖动对角线的距离和角度。

注释工具：用于在图像中添加注释。

计数工具：用于计算图像中元素的个数，也可自动对图像中的多个选区进行计数。

修补工具：利用样本或图案来修复所选图像区域中不理想的部分。

污点修复画笔工具：无须设置取样点，自动在所修饰区域的周围进行取样，消除图像中的污点和某个对象。

修复画笔工具：用图像中的像素作为样本进行绘制。

内容感知移动工具：在移动选区中的图像时，将智能填充物体原来的位置。

红眼工具：用于去除闪光灯导致的瞳孔颜色反光。

画笔工具：使用该工具可通过前景色绘制出各种线条，也可使用它修改通道和蒙版。

铅笔工具：可使用无模糊效果的画笔进行绘制。

颜色替换工具：用于将选定的颜色替换为其他颜色。

混合器画笔工具：使用该工具可以像传统绘制过程中混合颜料一样混合像素。

仿制图章工具：可以将图像上的一部分绘制到同一图像的另外一个位置上。

图案图章工具：使用预设图案或载入的图案进行绘画。

历史记录画笔工具：将标记的历史记录状态或快照用作源数据对图像进行修改。

历史记录艺术画笔工具：将标记的历史记录状态或快照用作源数据，并以风格化的画笔进行绘制。

橡皮擦工具：使用类似于画笔描绘的方式将像素改为背景色或透明。

背景橡皮擦工具：基于色彩差异的智能化擦除工具。

魔术橡皮擦工具：清除与取样区域类似的像素范围。

渐变工具：以渐变的方式填充指定的范围，在其渐变编辑器内可设置渐变模式。

油漆桶工具：可以在图像中填充背景色或图案。

3D材质拖放工具：在选项栏中选择一种材质，在选中模型上单击，可为其填充材质。

模糊工具：用于柔和图像边缘或减少图像中的细节。

锐化工具：增强图像中相邻像素之间的对比度，以提高图像的清晰度。

涂抹工具：模拟手指划过湿油漆时所产生的效果。可以拾取鼠标单击处的颜色，并沿着拖动方向展开这种颜色。

加深工具：用于对图像进行加深处理。

减淡工具：用于对图像进行减淡处理。

海绵工具：增大或减小图像的饱和度。

钢笔工具：以锚点方式创建区域路径，常用于绘制矢量图像或选区对象。

自由钢笔工具：用于绘制比较随意的路径。

弯度钢笔工具：用于绘制曲线。

添加锚点工具：将鼠标指针移动到路径上，单击即可添加一个锚点。

删除锚点工具：将鼠标指针移动到路径的锚点上，单击即可删除该锚点。

转换点工具：用于转换锚点的类型。

直排文字工具：用于创建垂直文字图层。

横排文字工具：用于创建水平文字图层。

横排文字蒙版工具：用于创建水平文字形状的选区。

直排文字蒙版工具：用于创建垂直文字形状的选区。

直接选择工具：用于移动两个锚点之间的路径。

路径选择工具：在"路径"面板中选择路径，显示出锚点。

矩形工具：用于创建长方形路径、形状图层或填充像素区域。

圆角矩形工具：用于创建圆角矩形路径、形状图层或填充像素区域。

椭圆工具：用于创建正圆或椭圆形路径、形状图层或填充像素区域。

多边形工具：用于创建多边形路径、形状图层或填充像素区域。

直线工具：用于创建直线路径、形状图层或填充像素区域。

自定形状工具：用于创建预设的形状路径、形状图层或填充像素区域。

抓手工具：用于移动图像显示区域。

旋转视图工具：用于旋转视图。

缩放工具：用于放大或缩小显示的图像。

编辑工具栏：用于管理工具栏，自定义工具的显示。

设置前景色/设置背景色：单击色块，可设置前景色/背景色。

切换前景色和背景色：单击该按钮可切换前景色和背景色。

默认前景色和背景色：恢复默认的前景色和背景色。

以快速蒙版模式编辑：切换快速蒙版模式和标准模式。

标准屏幕模式：用于显示菜单栏、标题栏、滚动条和其他屏幕元素。

带有菜单栏的全屏模式：用于显示菜单栏、50%的灰色背景、无标题栏和滚动条的全屏窗口。

全屏模式：只显示黑色背景和图像窗口，如果要退出全屏模式，则可按Esc键。按Tab键，可切换到带有面板的全屏模式。

属性栏

属性栏位于菜单栏下方，其作用是设置所选工具的属性，我们可以根据需要

第1章　认识Photoshop CC

设置工具箱的各种工具的属性，使工具在使用中变得更加灵活，有利于提高工作效率。属性栏中的内容在选择不同的工具时会发生变化，如图1-11所示。

图1-11　属性栏

面板

面板位于工作界面右侧，主要用于对图像进行特定区域的操作，以及对参数进行设置等。Photoshop中有很多面板，默认显示的面板有"颜色""色板""路径""图层""通道""属性""历史记录"等。

面板是以选项卡的形式成组地出现在窗口的右侧的，可根据需要展开/折叠、关闭、浮动、组合和连接面板等。我们可以选择"窗口"菜单，在弹出的下拉菜单中列出了所有面板的名称选项，选择相应的选项，即可打开对应的面板。

展开/折叠面板：单击面板组右上角的双箭头按钮，可将面板折叠为图标，如图1-12所示。

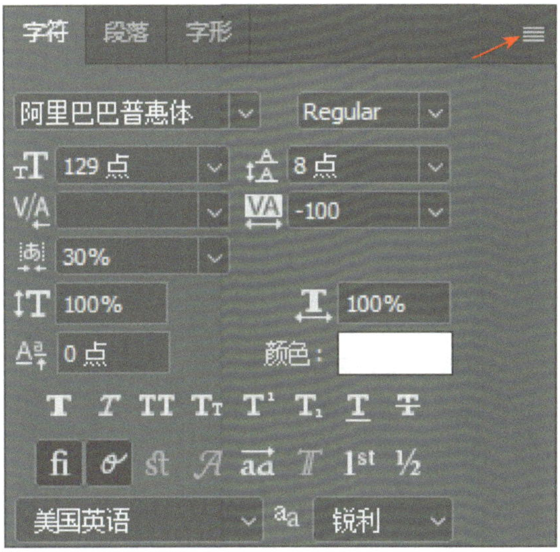

图1-12　展开/折叠面板

> **提示**：将鼠标指针放在面板名称上，按住鼠标左键，将其拖动至空白处，即可将面板从面板组中分离出来，成为浮动面板。

状态栏

状态栏位于文档的底部,可以显示当前文档的大小、尺寸,以及当前工具和窗口缩放比例等信息。将鼠标指针移动到状态栏的文档信息上,按住鼠标左键不放,可在弹出的面板中显示图像的宽度、高度、通道和分辨率等信息。

1.3 文档的基本操作

在学习Photoshop软件时,除了要对软件有所了解,还须掌握软件的一些基础操作,如新建图像文件、打开图像文件、保存与关闭图像文件等,这样才能更好地使用Photoshop对图像进行处理。

1.3.1 新建图像文件

新建图像文件是使用Photoshop时经常用到的操作,在菜单栏执行"文件">"新建"命令,打开"新建文档"对话框,在对话框中可设置名称、宽度、高度和分辨率等信息。新建图像文件后,即可使用新建的空白文档进行编辑,如图1-13所示。

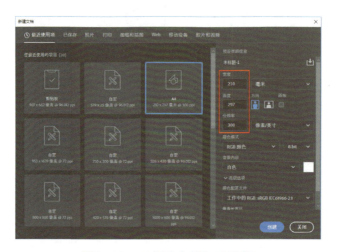

图1-13 "新建文档"对话框

在"新建文档"对话框最上面一栏的选项卡中可以选择"最近使用项""已

第1章 认识Photoshop CC

保存""照片""打印""图稿和插画""Web""移动设备""胶片和视频"单击任意一栏,里面都有新的选项,最主要、常用的选项如下。

名称:用于设置新建图像文件的名称。在保存文件时,文件名自动显示在存储对话框中。

宽度和高度:用于设置文档的具体宽度和高度,在其右边的下拉列表框中可选择分辨率单位。

分辨率:用于设置新建图像的分辨率,在右边的下拉列表框中可选择分辨率单位。

颜色模式:用于设置图像的颜色模式,包括位图、灰度、RGB颜色、CMYK颜色和Lab颜色。

背景内容:可以选择文件背景的内容,包括白色、背景色和透明。

> **提示**:分辨率是指单位长度所含有像素的数量,这个参数也可以理解为像素的密度。
>
> RGB颜色模式被大多数数码厂商设定为标准的色彩模式,分辨率设置为72像素/英寸,在生活中常用于计算机、手机、电视、相机等设备。
>
> CMYK颜色模式也被称作印刷色彩模式,C表示青色、M表示品红色、Y表示黄色、K表示黑色。此颜色模式被应用于印刷和打印,分辨率设置为300像素/英寸。

1.3.2 打开图像文件

在Photoshop中打开图像的方法有很多:我们可以通过在菜单栏执行"文件">"打开"命令,如图1-14所示,或按Ctrl+O组合键打开"打开"对话框,在其中选择需要打开的图像文件,再单击"打开"按钮。

图1-14 打开图像文件

1.3.3 保存图像文件

对于创建的图像文件或进行编辑的图像文件，完成操作后都应该及时对其进行保存，这样可避免因断电或程序出错带来的损失。在菜单栏执行"文件">"存储"命令或按Ctrl+S组合键即可对正在编辑的图像文件进行保存。

如果是第一次对图像文件进行保存，要选择保存的位置、文件名称和保存类型等，如图1-15所示。

图1-15　选择保存的位置

> **提示：** 关闭图像是指在编辑完图像后关闭图像文件。在菜单栏执行"文件">"关闭"命令，对当前文件进行关闭。

1.3.4 位图与矢量图

图像分为位图和矢量图两种类型，它们的原理和特点有所不同。下面分别对位图和矢量图的概念进行讲解。

位图：又称为像素图或点阵图，是使用像素阵列来表示的图像，每个像素的颜色由RGB组合或者灰度值表示，其图像大小和清晰度由图像中像素的多少决定。放大比例后，会明显地出现马赛克效果，如图1-16所示。

图1-16 位图

矢量图：指通过计算机指令来描述的图像，由点、线、面等元素组成，所记录的是对象的几何形状、线条粗细和色彩等。可以说矢量图无论放大多少倍都不会出现马赛克效果，矢量图主要应用于UI设计、VI设计、插画设计、字体设计和标志设计，如图1-17所示。

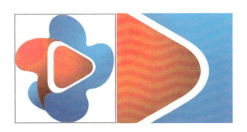

图1-17 矢量图

1.4 辅助工具

在编辑图像时，可以使用标尺、参考线、智能参考线和网格等辅助工具，它们可以帮助用户更好地完成选择、定位、排列和编辑图像等操作。

标尺

标尺可以帮助我们固定图像的位置。在菜单栏执行"视图">"标尺"命令，或按Ctrl+R组合键，在图像编辑窗口顶部和左侧分别打开水平和垂直标尺，如图

1-18所示，再次按Ctrl+R组合键可隐藏标尺。

图1-18　打开标尺

参考线

在编辑图像的过程中，为了让制作的图像更加精确，可以使用参考线辅助工具。

按Ctrl+R组合键将标尺显示出来，再将鼠标指针放在上方的标尺上，按住鼠标左键，向下拖动可创建水平参考线，将鼠标指针放在左侧的标尺上，按住鼠标左键，向右拖动可创建垂直参考线，如图1-19所示。

图1-19　创建参考线

智能参考线

智能参考线可以帮助我们对齐形状、切片和选区。在菜单栏执行"视图">"显示">"智能参考线"命令，即可启动智能参考线。启动后，在绘制形

第1章 认识Photoshop CC

状、切片及选区时，Photoshop会自动显示智能参考线。

网格

在查看和排列图像时，使用网格可以起到对准线的作用。在默认情况下，Photoshop不显示网格，我们在使用时可将其显示出来。在菜单栏执行"视图">"显示">"网格"命令，文档中将显示网格，如图1-20所示。

图1-20 显示网格

1.5 调整图像尺寸和裁剪工具

图像和画布决定了图像文件的大小，制作图像时一般都有图像尺寸的要求，最好在前期编辑时就确定好图像尺寸。下面讲解调整图像尺寸和使用裁剪工具的方法。

1.5.1 调整图像尺寸

不同的设计对图像尺寸的要求不同，当所需的图像尺寸不能满足需求时，我们可以对图像尺寸进行调整。在菜单栏执行"图像">"图像大小"命令，打开"图像大小"对话框，在对话框中输入需要的尺寸即可进行修改，如图1-21所示。

图1-21 "图像大小"对话框

"图像大小"对话框中的主要选项如下。

图像大小：显示图像文件的大小。

尺寸：显示当前图像的尺寸，默认以"像素"为单位。

调整为：在该下拉列表框中预设了很多不同尺寸选项，用户可以根据需要选择图像的尺寸。

宽度：用于设置图像宽度大小和单位，如"像素""厘米""百分比""毫米"等。

高度：用于设置图像高度和单位。

分辨率：用于设置图像的分辨率。

重新采样：修改图像的像素大小。减少像素的数量时，从图像中删除一些信息；增加像素的数量或增加像素取样时，添加新的像素。

> **提示：** 若进行等比例图像调整，我们可以使用"图像大小"命令修改，这样图像不会变形。如果进行非等比例图像调整，则会导致图像变形，建议使用裁剪工具进行裁剪。

1.5.2 裁剪工具

在处理图像的过程中，经常需要对图像进行裁剪操作，以删除图像中不需要的部分，使图像更加符合主题。选择"裁剪工具"，按住鼠标左键并在图形中拖动，出现一个裁剪框，如图1-22所示。

裁剪工具属性栏中的主要选项如下。

约束方式：在"比例"下拉列表框中提供裁剪的约束比例，可根据需要进行选择。

约束比例：用于输入自定义的约束比例数值。

清除：设置约束比例后，单击"清除"按钮，可清除设置的约束比例。

拉直：单击该按钮，可通过在图像上绘制一条直线拉直图像。

设置裁剪工具的叠加：单击该按钮，可以对裁剪工具的叠加选项进行设置。

设置其他裁剪：单击该按钮，可以对颜色、透明度等参数进行设置。

删除裁剪的像素：取消勾选的复选框，可保留裁剪框外的像素数据，仅将裁剪框外的图像隐藏。

图1-22　使用裁剪工具

复位裁剪：如果对裁剪的效果不满意，可单击该按钮，复位所进行的裁剪操作。

取消当前裁剪操作：单击该按钮，可取消当前进行的裁剪操作。

提交当前裁剪操作：单击该按钮，可确认当前进行的裁剪操作。

我们裁剪一个宽、高均为800像素的图片，在比例下拉列表中选择"宽×高×分辨率"，在后面的选项框中输入800像素、800像素和72，单位选择像素/英寸，移动位置和缩放裁剪区域，如图1-23所示。

图1-23　裁剪图片

按回车键,即可得到一张宽、高均为800像素的图片。在菜单栏执行"图像">"图像大小"命令,在"图像大小"对话框中可以看到裁剪后的尺寸,如图1-24所示。

图1-24 "图像大小"对话框

第2章
画笔与渐变

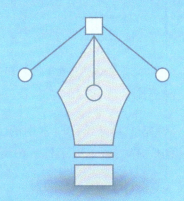

Photoshop可以用于绘画，因为图像是由简单的图块或线条构成的，从而形成一个完整的整体。下面具体介绍画笔工具和渐变工具。

2.1 认识画笔工具

画笔工具是绘图时常用的工具之一，使用它可在画布上绘制各种形状。在工具箱中选择"画笔"工具，在属性栏中显示画笔工具属性，如图2-1所示。

图2-1 画笔工具属性栏

画笔工具属性栏中主要选项的作用如下。

画笔预设选择器：单击该按钮，可弹出下拉列表，在其中可以设置画笔大小、硬度等，如图2-2所示。

模式：用于设置绘制图像和图层图像像素的混合模式。

不透明度：主要用于设置画笔绘制出颜色的不透明度。

始终对"不透明度使用压力"：单击该按钮，开启始终对"不透明度"使用压力，关闭时，画笔预设控制压力。

流量：用于设置将画笔移动到某个区域上时快速应用颜色的速率。

喷枪：单击该按钮，启动喷枪功能，Photoshop会根据单击次数来确定画笔笔迹的深浅。

始终对"大小使用压力"：单击该按钮，使用压感笔时，压感笔的即时数据会自动覆盖"大小"的设置结果。关闭时，画笔预设控制压力。

设置绘画的对称选项：单击此按钮，可以选择画笔的对称选项，对称选项包括"垂直"、"水平"、"双轴"、"双角"、"波纹"、"圆形"、"螺旋线"、"平行线"、"径向"和"曼陀罗"。

画笔设置按钮：单击该按钮打开"画笔设置"面板，如图2-3所示。

单击"画笔"，打开"画笔"面板，如图2-4所示。"画笔"面板中的按钮介绍如下。

画笔大小：通过输入数值或拖动下方滑块来调整画笔的粗细。

展开画笔：单击"常规画笔"前的按钮即可展开常规画笔，如图2-5所示。

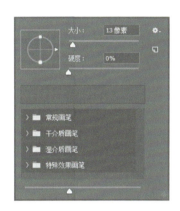

图2-2　画笔预设选择器

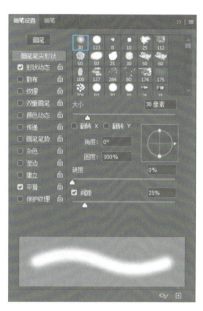

图2-3　"画笔设置"面板

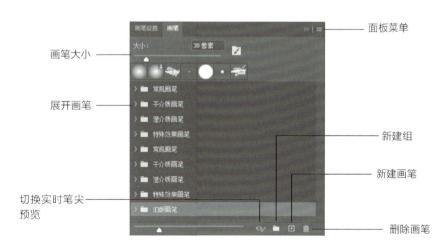

图2-4　"画笔"面板

新建组：单击该按钮，可以创建画笔组，用于管理画笔。

新建画笔：单击该按钮，可将当前设置的画笔保存为新设置的预设画笔。

删除画笔：选中画笔后，单击该按钮，可将选中的画笔删除，还可直接将画笔拖动到该按钮上将其删除。

切换实时笔尖预览：单击该按钮，即可在使用毛刷笔尖时，在画布中实时显示笔尖样式。

面板菜单：单击"面板菜单"按钮，可打开面板菜单，在其中可进行画笔的各种设置，如图2-6所示。

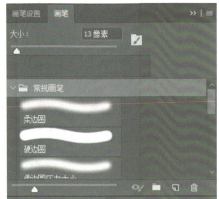

图2-5　展开常规画笔

图2-6　面板菜单

面板菜单中常用选项介绍如下。

新建画笔预设：主要用于将当前设置的画笔保存为新的预设画笔。

重命名画笔：主要用于对画笔进行重命名设置，使其以另一个名称体现。

删除画笔：主要用于对选择的画笔进行删除。

画笔名称：主要用于设置画笔在"画笔预设"中显示的名称。

画笔描边：主要用于将画笔的样式以预览图的形式进行显示。

画笔笔尖：主要用于在画笔预设中显示笔尖效果。

2.2　画笔设置

"画笔设置"是Photoshop中最重要的面板之一，使用该面板可设置绘图工具和形状等。单击"画笔设置"按钮，或者按快捷键F5，即可打开"画笔设置"

面板，如图2-7所示。

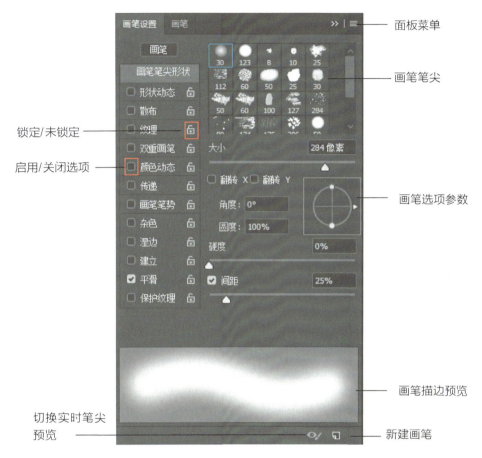

图2-7 "画笔设置"面板

2.2.1 画笔笔尖形状

在"画笔笔尖形状"选项面板中可对画笔的形状、大小、硬度等进行设置。下面具体介绍"画笔笔尖形状"选项面板中各选项的作用。

画笔笔尖：选择不同的画笔笔尖可以绘制不同的效果。

大小：主要用于控制画笔的粗细，在其中可直接通过拖动"大小"滑块设置画笔的粗细。

翻转X或翻转Y：勾选"翻转X"复选框，画笔笔尖在X轴上翻转；勾选"翻转Y"复选框，画笔笔尖在Y轴上翻转。

角度：用于设置椭圆画笔旋转的角度。

圆度：用于设置画笔长轴和短轴的比率。圆度为100%时表示圆形画笔，改变圆度和角度，可以设置书法画笔效果，如图2-8所示。

图2-8　圆度和角度

硬度：用于控制画笔硬度中心清晰范围的大小。数值越大，硬度中心清晰范围越大，画笔边缘越刚硬。硬度为100%和硬度为0%的效果如图2-9所示。

间距：笔刷实际上是由连续的许多圆点按顺序排列形成的，调整间距就是调整两个圆点之间的距离。数值越大，间距越大，间距为100%和间距为200%的效果如图2-10所示。

图2-9　不同硬度效果　　　　　　　图2-10　不同间距效果

2.2.2　形状动态

"形状动态"选项面板可用于设置画笔笔迹的变化，如设置绘制画笔的大小抖动、圆度抖动、角度抖动等产生的随机效果，"形状动态"选项面板如图2-11所示。

 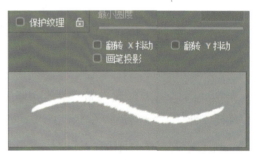

图2-11　"形状动态"选项面板

大小抖动：用于设置画笔笔迹粗细的改变方向。数值越大，画笔笔迹轮廓越不规则。

控制：在其下拉列表框中可设置大小抖动的方式。选择"关"选项，表示不同画笔笔迹的粗细变换；选择"渐隐"选项，表示按照指定数量的步长在初始直径和最小直径间渐隐画笔笔迹粗细，使笔迹产生逐渐淡出的效果，如图2-12所示。

图2-12　渐隐效果

2.2.3　散布

"散布"选项面板主要对描边中的笔迹数量和位置进行设置，如图2-13所示。

散布：主要用于设置笔迹在描边中的分散情况，数值越大，分散效果越强烈。设置散布值为0%和散布值为150%的效果如图2-14所示。

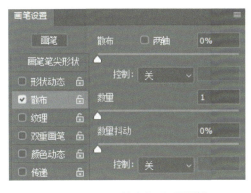 

图2-13　"散布"选项面板　　　图2-14　不同散布值效果

两轴：勾选"两轴"复选框，笔迹以中心点为基准向两边散开。

控制：用于设置画笔笔迹的分散方式。

数量：用于设置每个间距之间应该有的画笔笔迹数量，数值越大，笔迹数量越多。

2.2.4 纹理

在"纹理"选项面板中设置参数,可让笔迹在绘制时出现纹理质感,如图2-15所示。

纹理:单击图像缩略图右侧的下拉按钮,在弹出的图案下拉列表框中选择需要的图案,即可将该图案设置为纹理。

反相:勾选"反相"复选框,可以根据图案中的色调反转纹理中的亮部和暗部。

缩放:用于设置图案的缩放比例,数值越大,纹理越少。

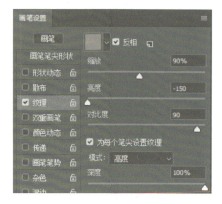

图2-15 "纹理"选项面板

为每个笔尖设置纹理:勾选"为每个笔尖设置纹理"复选框,为纹理单独应用画笔描边中的每个画笔笔迹。

模式:用于设置画笔与图案的混合模式。

深度:用于设置纹理的深度,数值越大,深度越大。

例如,设置模式为"线性高度",深度为5%,绘制效果如图2-16所示。

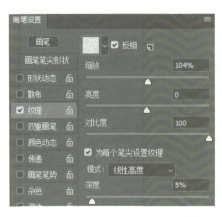 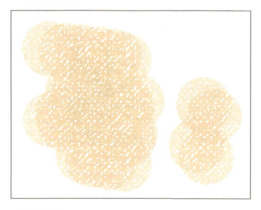

图2-16 绘制效果

2.2.5 双重画笔

在"双重画笔"选项面板中,通过为画笔添加两种画笔使画面效果更加丰富,如图2-17所示。

在"模式"下拉列表框中为主画笔和第二画笔设置混合模式,使其画笔效果更加丰富。

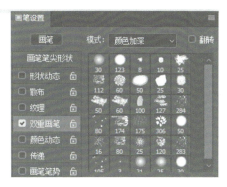

图2-17 "双重画笔"选项面板

2.2.6 颜色动态

在"颜色动态"选项面板中为笔迹设置颜色的变化效果,如图2-18所示。

前景/背景抖动:用于设置前景色和背景色之间的颜色变化方式。数值越小,变化后的颜色越接近前景色;数值越大,变化后的颜色越接近背景色。

色相抖动:设置颜色变化范围。数值越大,笔迹颜色越丰富;数值越小,颜色越接近前景色。

饱和度抖动:用于设置颜色饱和度的变化范围。数值越大,饱和度越低;数值越小,饱和度越高。

图2-18 "颜色动态"选项面板

亮度抖动:用于设置颜色的亮度变化范围。数值越大,颜色亮度越低;数值越小,颜色亮度越高。

纯度:用于设置颜色的纯度变化范围。数值越小,笔迹的颜色饱和度越低、越接近黑白色;数值越大,笔迹的颜色饱和度越高。

可以设置前景色为浅绿色,背景色为深绿色。例如绘制小草,调整前景/背景抖动,可以看到小草颜色的变化,如图2-19所示。

图2-19 小草颜色的变化

2.2.7 传递

在"传递"选项面板中可对笔迹的不透明度抖动、流量抖动、湿度抖动、混合抖动等参数进行设置，从而确定色彩描边线路中的改变方式，如图2-20所示。

不透明度抖动：用于设置画笔绘制时油彩不透明度的变化方式，最高值是选项栏中指定不透明度的值。

流量抖动：用于设置画笔笔迹中各种油彩流量的变化。

湿度抖动：用于设置画笔笔迹中油彩湿度的变化程度。

图2-20　"传递"选项面板

混合抖动：用于设置画笔笔迹中油彩混合的变化。

2.2.8 画笔笔势

在"画笔笔势"选项面板中可调整画笔笔尖倾斜的角度，使其更加美观，如图2-21所示。

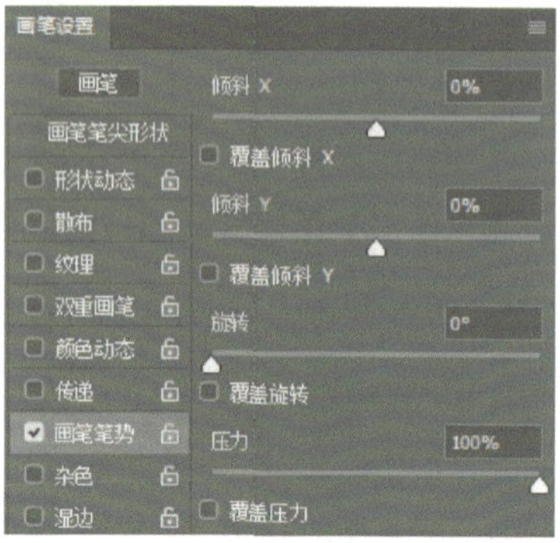

倾斜X/倾斜Y：用于调整笔尖沿X轴或Y轴倾斜。

旋转：用于设置笔尖的旋转效果。

压力：用于设置压力值，绘制速度越快，绘制的线条越粗糙。

2.3 自定义画笔

图2-21　"画笔笔势"选项面板

在Photoshop中，除了使用"画笔"面板对图形进行绘制，我们还可以根据需要对设置的画笔进行编辑，即自定义画笔，下面介绍自定义画笔的方法。

第2章 画笔与渐变

Step 1 新建文档，宽度设为500像素，高度设为300像素，如图2-22所示。

图2-22 新建文档

Step 2 选择画笔工具，颜色设为黑色，在文档中绘制几个圆点形状，如图2-23所示。

Step 3 选择"矩形选框工具"，在圆点形状上框选一个矩形的选区，如图2-24所示。

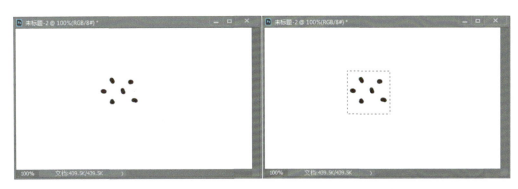

图2-23 绘制圆点　　　　　　　　　图2-24 框选选区

Step 4 在菜单栏执行"编辑"＞"定义画笔预设"命令，弹出"画笔名称"对话框，可以设置画笔的名称，如图2-25所示。

31

图2-25 设置画笔名称

Step 5 单击"确定"按钮，即可完成画笔创建。打开画笔面板，可以看到最下面的一个画笔是我们刚才自定义的，如图2-26所示。

Step 6 打开"画笔设置"面板，对画笔进行设置。勾选"传递"选项，在"不透明度抖动"下的"控制"选项中选择"钢笔压力"，这样在绘制头发的时候，就会有压感效果，如图2-27所示。

Step 7 这样就完成了头发画笔的创建。如果需要在其他计算机上使用这个画笔，那么可以保存画笔。选择自定义的画笔，在画笔面板中单击设置菜单按钮，在弹出的下拉列表框中选择"导出选中的画笔"选项，Photoshop会自动打开对应的"另存为"对话框，选择合适的文件夹，可将其存储到对应的位置，如图2-28所示。

图2-26 自定义画笔

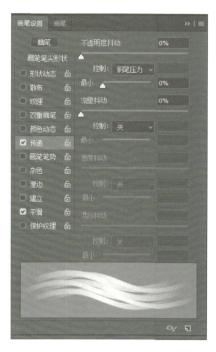

图2-27 压感效果

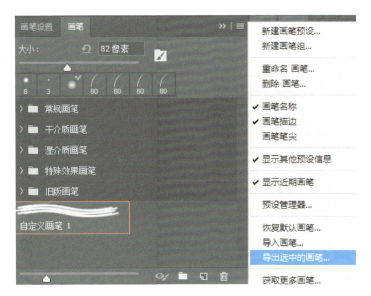

图2-28 导出画笔

当在其他计算机上使用这个画笔时,用"画笔设置"面板中的"导入画笔"就可以将画笔导入当前的Photoshop中了。

2.4 历史记录画笔和历史记录艺术画笔

2.4.1 历史记录画笔

历史记录画笔工具主要用于对图像进行恢复还原操作,可以配合"历史记录"面板使用。

Step 1 打开"历史记录"素材,如图2-29所示。

Step 2 在菜单栏执行"图像">"调整">"可选颜色"命令,颜色选择"绿色",青色设为-65%,洋红色设为+100%,黄色设为-53%,黑色设为+22%,如图2-30所示。

Photoshop CC从入门到精通

图2-29 打开"历史记录"素材

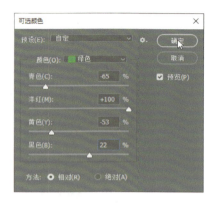

图2-30 可选颜色

Step 3 单击"确定"按钮,这样就把背景的绿色调整为灰绿色了,效果如图2-31所示。

Step 4 选择历史记录画笔工具,在文档上绘制,即可将颜色恢复到原始的绿色,如图2-32所示。

图2-31 调整后效果

图2-32 将颜色恢复到原始的绿色

2.4.2 历史记录艺术画笔

历史记录艺术画笔工具与历史记录画笔工具类似,但它在恢复图像的同时会进行艺术化处理,其属性栏如图2-33所示。

图2-33 历史记录艺术画笔工具属性栏

历史记录艺术画笔工具属性栏中的常用选项如下。

样式：用于设置绘画描边的形状，包括"绷紧短"、"绷紧中"和"绷紧长"等。

区域：主要用于设置绘制的覆盖区域。数值越大，覆盖的面积越大。

容差：主要用于限定应用绘画描边的区域。容差高，绘画描边限定在与原状态中颜色明显不同的区域；容差低，可在图像中任何地方绘制无数条描边。

Step 1　打开素材，如图2-34所示。

Step 2　选择历史记录艺术画笔工具，在"画笔"面板中选择"半湿描油彩笔"，如图2-35所示。在样式下拉列表框中选择"绷紧短"，在图像上拖曳鼠标指针涂抹，进行艺术处理。

图2-34　打开素材

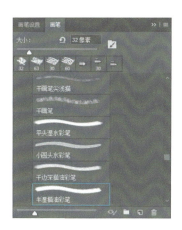

图2-35　选择画笔

Step 3　处理后的效果如图2-36所示。

图2-36　处理后的效果

2.5 减淡、加深、海绵工具的运用

在美化图像过程中，常常存在某些原因使图像的效果不理想，此时需对暗色的图像进行提亮处理或将亮部区域进行加深处理。下面具体介绍减淡工具、加深工具和海绵工具的使用方法。

2.5.1 减淡工具和加深工具

减淡工具和加深工具主要用于对图像的亮部、中间调和暗部分别进行减淡处理和加深处理。使用该工具在某一区域涂抹的次数越多，图像颜色越淡或越深。减淡工具属性栏如图2-37所示。

图2-37 减淡工具属性栏

减淡工具属性栏中主要选项的作用如下。

范围：用于设置修改的色调。选择"中间调"选项时，只修改灰色的中间色调；选择"阴影"选项时，只修改图像的暗部区域；选择"高光"选项时，只修改图像的亮部区域。

曝光度：用于设置减淡的强度。

保护色调：勾选"保护色调"复选框，减小对图像色调的影响，即可保护色调不受工具的影响。

Step 1　打开素材，如图2-38所示。

Step 2　选择"减淡工具"，范围选择中间调，曝光度设为20%，在婴儿皮肤上涂抹，效果如图2-39所示。

图2-38　打开素材　　　　　　　　图2-39　减淡后的效果

如果选择加深工具，范围选择中间调，曝光度设为20%，在婴儿皮肤上进行涂抹，效果如图2-40所示。

图2-40　加深后的效果

2.5.2　海绵工具

海绵工具主要用于增加或减小指定图像区域的饱和度，使用该工具可通过靠近中间灰度来增加或降低对比度。海绵工具属性栏如图2-41所示。

图2-41　海绵工具属性栏

海绵工具属性栏中主要选项的作用如下。

模式：用于设置编辑区域的饱和度变化方式。选择"加色"选项，可以增加色彩的饱和度；选择"去色"选项，可以降低色彩的饱和度。

流量：用于设置工具的流量，数值越大，效果越明显。

自然饱和度：勾选"自然饱和度"复选框，使用此工具时可防止颜色过于饱和而溢色。

Step 1　打开素材，如图2-42所示。

Step 2　选择"海绵工具"，模式选择"去色"，用画笔在图像上涂抹，这样会降低图像的饱和度，效果如图2-43所示。

图2-42　打开素材

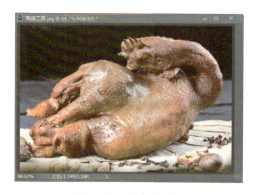
图2-43　去色效果

Step 3　选择"海绵工具"，模式选择"加色"，用画笔在图像上涂抹，这样可以增加图像的饱和度，效果如图2-44所示。

图2-44　加色效果

2.6　渐变工具

使用渐变工具可以在整个文档或选区内填充渐变颜色，其不仅可以填充图像，还可以填充蒙版和通道。在调整图层和填充图层时也可以用到渐变工具。渐变工具属性栏如图2-45所示。

图2-45　渐变工具属性栏

渐变颜色条：渐变颜色条显示当前的渐变颜色，单击它可以打开渐变编辑器。

线性渐变：可以创建以直线从起点到终点的渐变。

径向渐变：可以创建以圆形图案从起点到终点的渐变。

角度渐变：可以创建围绕起点以逆时针扫描的渐变。

对称渐变：可以创建使用均衡的线性渐变在起点任意一侧的渐变。

菱形渐变：可以创建以菱形方式从起点向外的渐变。

模式：用来设置应用渐变时的混合模式。

不透明度：用来设置渐变效果的不透明度。

反向：可转换渐变中的颜色顺序，得到反方向的渐变结果。

仿色：勾选该选项，可以使渐变功能变得平滑。

透明区域：勾选该选项，可以创建包含透明像素的渐变。

下面我们来学习使用渐变工具的案例。

Step 1　新建文档，宽度和高度分别设为1000像素，如图2-46所示。

图2-46 新建文档

Step 2 单击"创建"按钮,完成文档创建,选择椭圆工具 ,关闭填充,描边设为灰色,描边大小设为240像素,按Shift键在文档中绘制一个圆环,如图2-47所示。

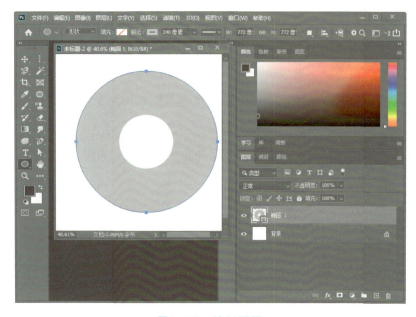

图2-47 绘制圆环

Step 3　新建图层，选择"渐变工具"，单击渐变颜色条，打开渐变编辑器，在渐变颜色条上单击添加色标，可以自己选择颜色，如图2-48所示。

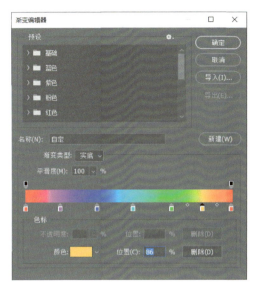

图2-48　渐变编辑器设置

Step 4　添加色标后，单击"确定"按钮，选择渐变类型为"角度"，从中心向边缘拖曳，在制作的新图层上绘制一个渐变，如图2-49所示。

Step 5　在菜单栏执行"图层">"创建剪贴蒙版"命令，给圆环层创建剪贴蒙版，如图2-50所示。

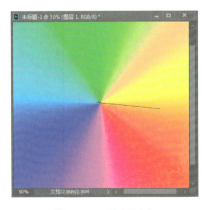 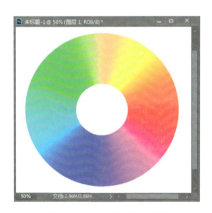

图2-49　绘制渐变　　　　　　　　图2-50　创建剪贴蒙版

Step 6　选择椭圆工具，在文档中再绘制一个圆环，如图2-51所示。

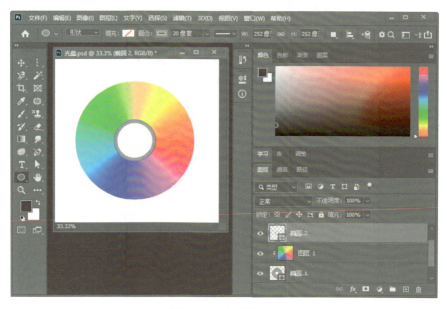

图2-51　绘制圆环

Step 7　选择"渐变工具"，单击渐变颜色条，打开渐变编辑器，调整渐变颜色，如图2-52所示。

Step 8　新建图层，在图层上拖曳渐变，从中间向右边拖曳，如图2-53所示。

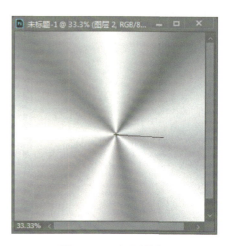

图2-52　调整渐变颜色　　　　图2-53　拖曳渐变

Step 9 在菜单栏执行"图层">"创建剪贴蒙版"命令,创建剪贴蒙版图层,将灰色渐变图层的"不透明度"调整为30%,如图2-54所示。

图2-54 创建剪贴蒙版

Step 10 单击"文件"菜单,存储文件。

第3章

图层

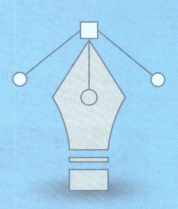

　　图层是Photoshop中一个重要的功能，一个图像可以包含一个或多个图层，这些图层组合在一起的效果就是一张完整的图像。相比传统的单一平面图像，多图层模式的图像编辑空间更大、更精确。本章将对图层的相关知识进行介绍，以帮助用户掌握图层的编辑和使用方法。

3.1 认识图层

图层如同含有多层透明文字或图形等元素的图片,将各种元素按顺序叠放在一起,组合起来形成图像的最终效果。在Photoshop中,几乎所有的高级图像处理都需要图层,图层是Photoshop最重要的功能之一。下面对图层的相关知识进行介绍。

图层可以对图像中的元素进行精确排列和定位,从而帮助用户制作出各种独一无二的图像效果。图层中可以加入文本、图片、形状等,每个图层都可以保存不同的图像。用户可以透过上方图层的透明区域看到下方图层中的图像,图层效果如图3-1所示。

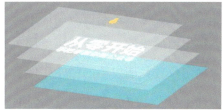

图3-1 图层效果

用户可通过移动图层和调整图层顺序等方法让图像产生更多的效果。

通过图层面板可对图层进行主要的操作,如对图层进行新建、重命名、存储、删除、锁定和链接等操作。执行"窗口">"图层"命令,即可打开"图层"面板,如图3-2所示。

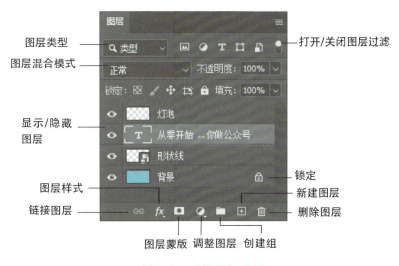

图3-2 "图层"面板

"图层"面板中主要功能如下。

图层类型：当图像中的图层过多时，在该下拉列表框中选择一种图层类型。选择该类型后，"图层"面板中只显示该类型的图层。

打开/关闭图层过滤：单击该按钮，可将图层的过滤功能打开或关闭。

图层混合模式：用于使当前图层与下层图层产生混合效果。

不透明度：用于设置当前图层的不透明度。

填充：用于设置当前图层的填充不透明度。调整填充不透明度，图层样式不受影响。

锁定透明像素：只能对图层的不透明区域进行编辑。

锁定图层像素：不能使用绘图工具对图层像素进行修改。

锁定位置：图层中的像素不能被移动。

防止在画板内自动嵌套：将插图中的锁指定给画板以禁止在画板内部和外部自动嵌套，或指定给画板内的特定图层以禁止这些特定图层的自动嵌套。

锁定全部：对处于这种情况下的图层进行操作。

显示/隐藏图层：当图层缩略图前的眼睛图标显示时，表示该图层图像显示。如果缩略图前不显示眼睛图标，表示该图层隐藏。

链接图层：选中两个或两个以上的图层，单击该按钮，可将选中的图层链接起来。链接后的图层可以一起进行移动。

图层样式：可以添加投影、外发光等效果。单击该按钮，在弹出的快捷菜单中选择一个图层样式命令，可为图层添加一种图层样式。

图层蒙版：可为当前图层添加图层蒙版。

调整图层：可在弹出的快捷菜单中选择相应的命令，创建对应的填充图层或调整图层。

创建新组：可创建一个图层组，用于管理图层。

新建图层：可在当前图层上方新建一个图层。

删除图层：可将当前的图层或图层组删除。

3.2 排列与分布图层

在"图层"面板中，图层是按照创建的先后顺序堆叠排列的，我们可以重新调整图层的堆叠顺序，也可以选择多个图层，将它们对齐或者按照相同的间距分布。

3.2.1 调整图层的顺序

在"图层"面板中，将一个图层拖曳到另外一个图层的上面或者下面，即可调整图层的堆叠顺序。改变图层的上下顺序将会影响图像的显示效果，如图3-3所示。

图3-3 调整图层顺序

> 提示：我们也可以在菜单栏执行"图层">"排列"命令来调整图层顺序，可以将图层置为顶层、前移一层、后移一层、置为底层和反向。如果图层在图层组中，可以通过"置为顶层"或者"置为底层"将图层移动到顶层或者底层。

3.2.2 对齐图层

如果需要将多个图像的内容对齐,可以在"图层"面板中选择它们,然后在"图层">"对齐"子菜单中选择一个对齐命令进行对齐操作。如果所选图层与其他图层链接,则可以对齐预制链接的所有图层。

Step 1　打开对齐素材,按Ctrl键并单击图层1、图层2、图层3,如图3-4所示。

图3-4　选择图层

Step 2　在菜单栏执行"图层">"对齐">"顶边"命令,可以将选中的图层以顶边的像素对齐,如图3-5所示。

如果选择"垂直居中命令",可以将每个选定在图层上的垂直中心像素与所选图层的垂直中心像素对齐。同样,我们可以执行底边对齐、左边对齐、水平居中对齐和右边对齐。

> 提示：我们也可以选择"移动工具",可以使用工具属性栏中的对齐按钮对齐图层。

图3-5　顶边对齐图层

3.2.3 分布对齐

如果让三个或者三个以上的图层采用一定规律均匀分布，那么可以选择这些图层，然后执行"图层"＞"分布"子菜单中的命令进行操作。

Step 1　打开配套资源中的素材，选择图层，如图3-6所示。

图3-6　选择图层

Step 2　在菜单栏执行"图层"＞"分布"＞"顶边"命令，可以从每个图层的顶边像素开始，间隔均匀地分布对齐图层，如图3-7所示。

图3-7　顶边分布对齐图层

Step 3　在菜单栏执行"图层"＞"分布"＞"垂直居中"命令，可以从每个图层的垂直中心像素开始，间隔均匀地分布对齐图层，如图3-8所示。

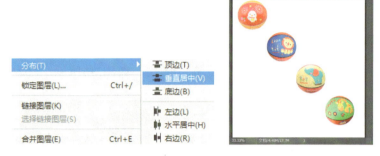

图3-8　垂直居中分布对齐图层

这样，我们就可以将每个球均匀地分布对齐了。

3.3　图层混合模式

在处理照片色调的时候经常会用到图层混合模式，Photoshop的图层混合模式功能可以将选择的图层与下面图层的颜色进行色彩混合，从而制作出特殊的图像效果。如果只有一个图层，那么混合效果是不起作用的，如图3-9所示。

按Ctrl+J组合键复制一个图层，这时候混合模式已经激活，可以选择模式，如选择正常模式，如图3-10所示。

图3-9　一个图层　　　　　　　　图3-10　正常模式

面对图层混合模式，很多人想弄懂它的原理，其实图层混合模式只是Photoshop软件的计算功能，在这里我们主要学会如何使用它，而不是研究它是如何工作的。Photoshop CC主要提供了27种图层混合模式，不同的图层混合模式可以实现不一样的效果，我们可以看到这些模式之间都是由实线分开的，而这只是分类线，其实每一种类型包含的模式并不多，只要在每种类型中找到一种常用的代表混合模式即可。

3.3.1 正片叠底模式

在变暗模式组里，正片叠底模式就是一种常用的图层混合模式。我们会经常用到它，它的作用就是加暗图像，如图3-11所示。

变暗：将上层图层和下层图层比较，上层较亮的像素被下层较暗的像素替换，而亮度值比下层像素低的像素保持不变。

正片叠底：上层图层中的像素与下层图层中白色区域重合的颜色保持不变，与下层图层中黑色区域重合的颜色替换，使图像变暗。

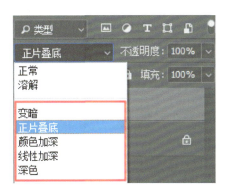

图3-11 正片叠底模式

颜色加深：加深深色图像区域的对比度。

线性加深：通过减小亮度的方法来使像素变暗，其颜色比正片叠底模式丰富。

深色：比较上下两个图层所有颜色通道值的总和，然后显示颜色值较低的部分。下面我们就打开素材，如图3-12所示。

复制一个背景图层，然后将图层混合模式改为"正片叠底"，你会发现照片变暗了。可以将其应用在摄影作品中，压暗图像，通过调整不透明度来调整暗部的程度，如图3-13所示。

图3-12　打开素材

图3-13　调整不透明度

3.3.2　滤色模式

变亮混合模式组中的代表模式就是滤色模式，滤色模式一般用来过渡黑色色素，提亮照片。所以在处理照片曝光不足的时候，可以使用滤色模式对照片进行提亮，如图3-14所示。

变亮：其效果与变暗模式正好相反。

滤色：其效果与正片叠底模式正好相反，可产生图像变亮的效果。

颜色减淡：通过降低对比度的方式来提亮图像，使图像颜色更加饱和，颜色更艳丽。

线性减淡（添加）：通过增加亮度的方法来减淡图像颜色。

浅色：比较上下两个图层所有颜色通道值的总和，然后显示颜色值较高的部分。下面打开素材，如图3-15所示。

第3章 图层

图3-14 滤色模式

图3-15 打开素材

复制一个背景图层,然后将混合模式改为"滤色",会发现照片变亮了。将其应用在人像处理中,提亮肤色,效果如图3-16所示。

图3-16 滤色效果

3.3.3 叠加模式

叠加和柔光是常用的混合模式,它的作用是加大反差。使用叠加模式后大家可以看到加大反差后的效果,这是最常用的一个模式,如图3-17所示。

打开素材,如图3-18所示。

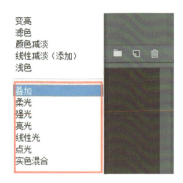

图3-17 叠加模式

图3-18 打开素材

复制一个背景图层,然后将混合模式改为"叠加",会发现照片的对比度加强了,将其应用在人像处理中,效果如图3-19所示。

图3-19 叠加效果

3.4 用图层样式制作金属字

在图片处理时，通过为图层应用图层样式，可以使图片内容的效果更加丰富。使用Photoshop CC时，用户可以为图层设置"投影""发光""浮雕"等图层样式，以制作出水晶、玻璃、金属等效果。在图层面板底部单击图层样式按钮，在弹出的快捷菜单中选择需要创建的样式命令。打开"图层样式"对话框，并展开对应的设置面板，如图3-20所示。

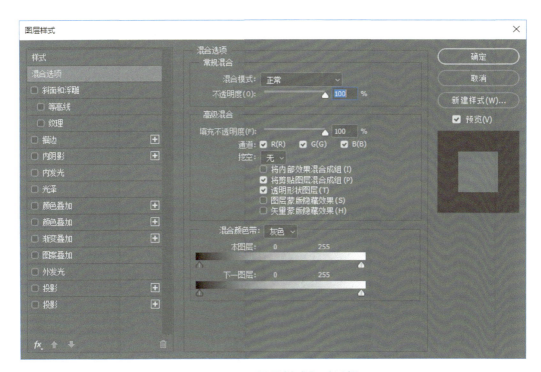

图3-20 "图层样式"对话框

下面讲解图层样式的使用方法。

Step 1　新建500像素×500像素的文档，如图3-21所示。

Step 2　打开背景素材，并拖曳到文档中，如图3-22所示。

Step 3　选择文字工具，输入文本，文字颜色设为灰色，如图3-23所示。

Photoshop CC从入门到精通

图3-21 新建文档

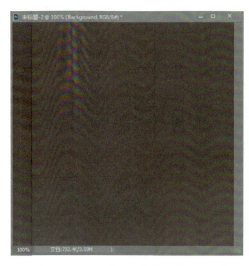

图3-22 打开背景素材

图3-23 输入文本

Step 4 选择图层，单击效果，勾选"投影"样式，不透明度调整为89%，距离调整为13像素，扩展调整为24%，大小调整为16像素，如图3-24所示。

第3章 图层

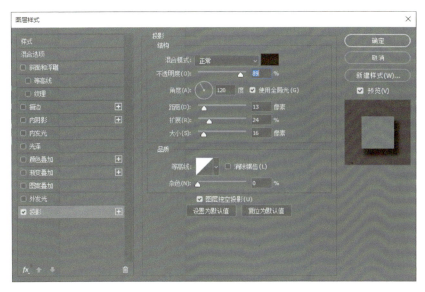

图3-24 设置"投影"样式

Step 5 勾选"斜面和浮雕"样式,样式调整为"描边浮雕",深度调整为1000%,大小调整为6像素,角度调整为120度;高光模式调整为正常,颜色调整为黄色,不透明度调整为71%;阴影模式调整为正常,颜色调整为白色,不透明度调整为100%,如图3-25所示。

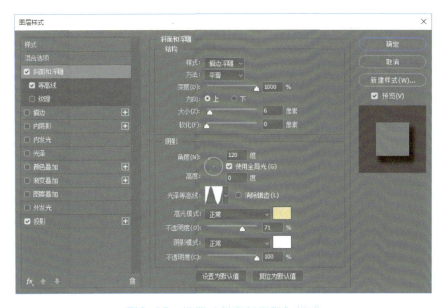

图3-25 设置"斜面和浮雕"样式

Step 6 勾选"等高线"样式,单击等高线,弹出等高线编辑器,调整曲线,如图3-26所示。

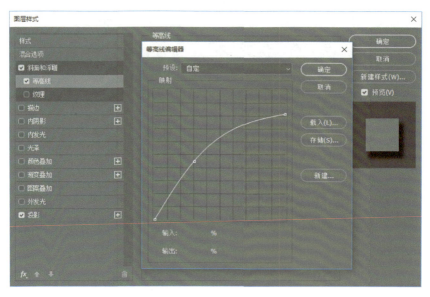

图3-26 等高线编辑器

Step 7 勾选"描边"样式,大小调整为1像素,位置居中,不透明度调整为80%,样式调整为线性,如图3-27所示。

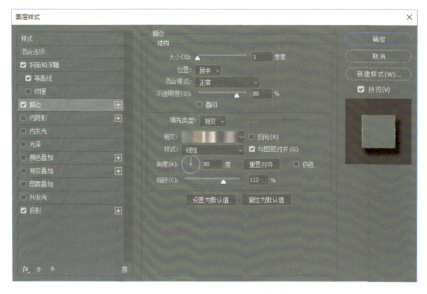

图3-27 设置"描边"样式

Step 8 单击"渐变"按钮,在渐变编辑器中将渐变调整为金属颜色的渐变,添加颜色色板,如图3-28所示。

Step 9 单击"确定"按钮,完成渐变的调整,描边效果如图3-29所示。

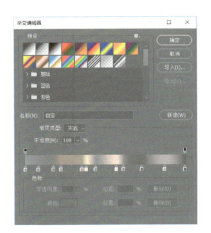
图3-28 渐变编辑器

图3-29 描边效果

Step 10 勾选"内阴影"样式,颜色调整为黄色,混合模式调整为亮光,角度调整为90度,大小调整为30像素,调整等高线,如图3-30所示。

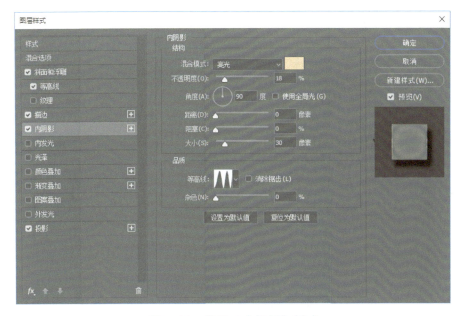
图3-30 设置"内阴影"样式

Step 11　勾选"颜色叠加"样式，混合模式调整为"柔光"，颜色调整为黄色，如图3-31所示。

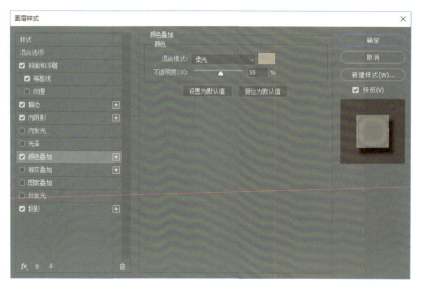

图3-31　设置"颜色叠加"样式

Step 12　勾选"渐变叠加"样式，混合模式调整为"正片叠底"，渐变调整为金属渐变，如图3-32所示。

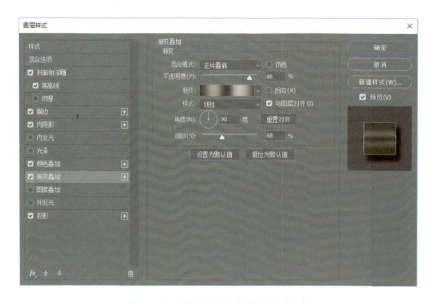

图3-32　设置"渐变叠加"样式

第3章　图层

图3-32　设置"渐变叠加"样式（续）

Step 13　勾选"图案叠加"样式，混合模式调整为亮光，不透明度调整为61%。单击"图案"按钮，从设置图标的菜单中选择"导入图案"，载入金属图案，如图3-33所示。

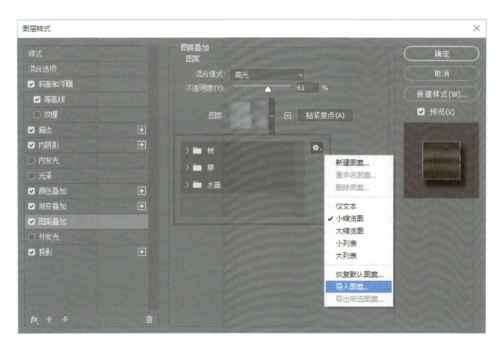

图3-33　设置"图案叠加"样式

Step 14　勾选"光泽"样式，混合模式调整为"颜色减淡"，不透明度调整为

61

30%,角度调整为19度,距离调整为30像素,大小调整为20像素,如图3-34所示。

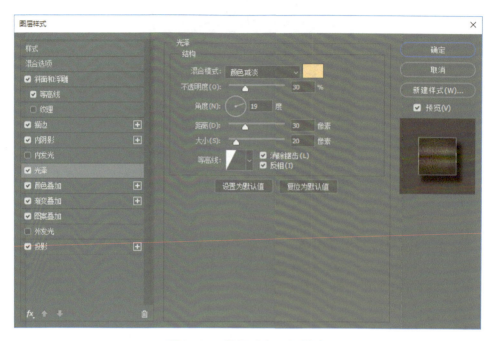

图3-34 设置"光泽"样式

Step 15 调整等高线,单击"确定"按钮,完成光泽的添加,如图3-35所示。

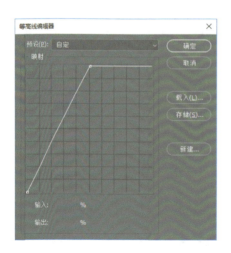 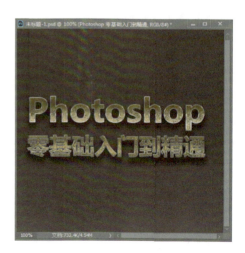

图3-35 光泽的添加

Step 16　将文字图层拖曳到"新建"按钮上,复制一个图层,在菜单栏执行"图层">"图层样式">"清除图层样式"命令,将图层"填充"调整为0%,这样图层就不显示像素了,如图3-36所示。

图3-36　清除图层样式

Step 17　勾选"内发光"样式,混合模式调整为颜色减淡,不透明度调整为73%,颜色调整为黄色,大小调整为73像素,如图3-37所示。

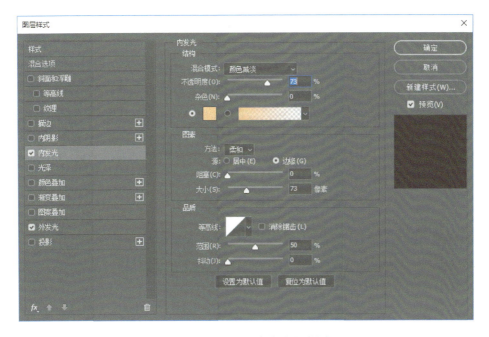

图3-37　设置"内发光"样式

图3-37 设置"内发光"样式(续)

Step 18 勾选"外发光"样式,混合模式调整为颜色减淡,不透明度调整为78%,颜色调整为黄色,大小调整为111像素,范围调整为50%,如图3-38所示。

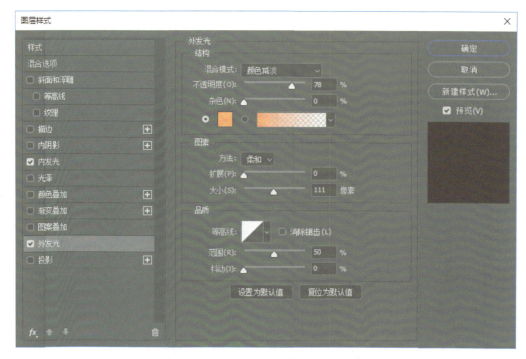

图3-38 设置"外发光"样式

至此，我们通过图层样式制作了金属字效果，最终效果如图3-39所示。

图3-39 最终效果

第4章
选区和抠图

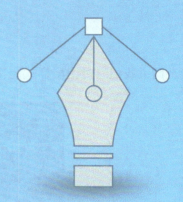

对图像中的局部进行编辑时,可以使用选区来指定可编辑的图像区域。选择对象之后,如果将它从背景中分离出来,那么整个操作过程便称为"抠图",Photoshop中提供了大量的选择工具和命令,以便适用不同类型的图片,有的复杂的图像需要多个工具结合使用才能够"抠"出。

4.1 抠图的方法

下面讲解抠图的常用方法。

4.1.1 基本形状选择法

在选择一些简单的几何图形时，如圆形、矩形，用户可直接使用Photoshop工具箱中的矩形选框工具或椭圆选框工具。在选择一些形状不太规则，但转折比较明显的图形时，则可使用多边形套索工具，创建选区进行抠图。图4-1中的足球使用的是椭圆选框工具。

图4-1 用椭圆选框工具抠图

4.1.2 色调对比选择法

当选择对象的形状比较复杂，并且图像的颜色对比强烈时，可以使用快速选择工具、魔棒工具、磁性套索工具和色彩范围对话框来对需要的图像区域进行选择抠图。使用快速选择工具进行抠图如图4-2所示。

图4-2 使用快速选择工具抠图

4.1.3 快速蒙版选择法

创建选区后,单击工具箱中的按钮 ,进入快速蒙版状态,可以将选区转换为蒙版图像,再通过画笔工具对选区进行更加细致的处理,如图4-3所示。

图4-3 使用快速蒙版抠图

4.1.4 通道选择法

通道选择法也就是常说的通道抠图,使用通道可以对图形复杂且含有图像细节的图像区域进行选择。这种抠图方法在抠取头发丝、婚纱、烟雾、玻璃时经常使用,可以使用通道选择法建立选区并为图像更换背景,效果如图4-4所示。

图4-4 通道抠图效果

4.1.5 钢笔选择法

当选择陶瓷器皿、塑料公仔、花朵等含有很多曲线的对象时，使用可以绘制平滑或尖锐路径的钢笔工具建立选区无疑是最明智的选择，如图4-5所示。

图4-5 用钢笔选择法抠图

4.2 选区的基本操作

选框工具组包括矩形选框工具、椭圆选框工具、单行选框工具、单列选框工具。矩形选框工具用于在图像上建立矩形选区，使用时我们只需在工具箱中选择矩形选框工具，在需要建立选区的位置拖动鼠标即可创建。此外，在拖动鼠标时，按Shift键可创建正方形选区。矩形选框工具属性栏如图4-6所示。

图4-6 矩形选框工具属性栏

矩形选框工具属性栏中的主要选项如下。

选区运算按钮组：该组提供"新选区""添加到选区""从选区减去"和"选区相交"功能，分别用来新建选区、控制选区相加或者相减，或是将两个选区的交叉部分变为选区。下图显示的是新建选区和添加到选区的效果，如图4-7所示。

图4-7 新建选区和添加到选区的效果

羽化：用于设置选区边缘的模糊程度，数值越高，模糊程度越高。羽化值的范围在0~250之间，羽化值越大，羽化的宽度范围越大；羽化值越小，羽化的深度范围越小，创建的选区越精确。

样式：用于设置矩形选区的创建方法，选择"正常"选项时，用户可随意控制创建选区的大小；选择"固定比例"选项时，在右侧的"宽度"和"高度"文本框中可设置固定比例的选区；选择"固定大小"选项时，在右侧的"宽度"和"高度"文本框中可设置一个固定大小的选区。

椭圆选框工具用于在图像上建立正圆形选区和椭圆选区，其使用方法和矩形选框工具基本相同。下面学习椭圆选框工具的抠图方法。

Step 1 打开足球素材，选择"椭圆选框工具"，按Shift键绘制正圆形选区，如图4-8所示。

Step 2 在菜单栏执行"选择">"变换选区"命令，调整选区大小，按Shift键等比例变换选区，如图4-9所示。

图4-8 绘制正圆形　　　　　　　图4-9 变换选区

Step 3　按回车键确定选区，打开草地素材，选择移动工具，将足球移动到草地上，如图4-10所示。

Step 4　按Ctrl+T组合键进行自由变换，对足球进行缩小，如图4-11所示。

图4-10　移动素材

图4-11　自由变换

Step 5　新建图层，选择椭圆选框工具，羽化设为20，绘制一个椭圆选区，如图4-12所示。

Step 6　前景色选择深灰色，按Alt+Del组合键填充颜色，将图层移动到足球图层下面，最终效果如图4-13所示。

图4-12　绘制椭圆选区

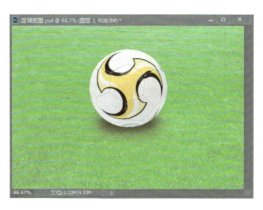
图4-13　填充颜色

4.3 套索工具抠图

在处理图像的过程中，使用选框工具组可以创建有规则的选区，而通过套索工具组则可创建不规则的选区。套索工具栏包括套索工具、多边形套索工具和磁性套索工具。下面讲解通过套索工具组创建选区的方法。

4.3.1 套索工具

使用套索工具可以创建任意形状的选区，其方法为：在工具箱中选择套索工具，然后在画布中单击并拖动鼠标绘制选区，绘制完成后松开鼠标即可显示创建的选区。使用套索工具创建选区时，如果起点和终点没有重合，那么会自动在起点和终点之间创建一条直线，使创建的选区闭合，如图4-14所示。

图4-14　用套索工具抠图

4.3.2 多边形套索工具

多边形套索工具适用于创建一些由直线构成的选区，使用方法为：在工具箱中选择多边形套索工具，然后在画布中单击以创建选区起点，再在画布中其他位置单击，继续绘制选区，绘制完成后在起点位置双击即可，如图4-15所示。

图4-15 用多边形套索工具抠图

4.3.3 磁性套索工具

磁性套索工具具有自动识别、绘制图像边缘的功能，如果图像的边缘比较清晰，并且与背景对比明显，那么使用该工具可以快速创建选区。使用磁性套索工具绘制选区会产生很多锚点，过多的锚点会造成选区的边缘不够光滑，影响图像的整体效果。我们在抠图时可以结合多边形套索工具使用，如图4-16所示。

图4-16 用磁性套索工具抠图

4.3.4 多边形套索工具抠图案例

下面我们学习用多边形套索工具抠图的具体案例。

Step 1　打开素材，如图4-17所示。

Step 2 选择多边形套索工具，沿着鞋子轮廓绘制多边形选区，如图4-18所示。

图4-17 打开素材

图4-18 绘制多边形选区

Step 3 绘制好多边形选区后，单击属性栏的"选择并遮住"按钮，打开"选择并遮住"面板。

Step 4 在边缘抠图不好的位置，可以在"选择并遮住"面板中选择使用多边形抠图，如图4-19所示，抠好图后在右侧"输出到"中选择"新建带有图层蒙版的图层"，单击"确定"按钮，完成鞋子的多边形抠图，如图4-20所示。

图4-19 "选择并遮住"面板

图4-20 完成抠图

Step 5 新建图层，填充白色，将白色图层移动到鞋子图层的下一层，如图4-21所示。

第4章　选区和抠图

图4-21　新建白色图层

Step 6　在菜单栏执行"文件">"存储"命令，对抠好图的文件进行保存。

4.4　快速选择工具

使用快速选择工具可以快速绘制出选区，使用方法为：选择快速选择工具后，鼠标指针将变为一个可调整大小的圆形笔尖，拖动鼠标指针，可以根据移动轨迹来确定选区边缘。快速选择工具的属性栏如图4-22所示。

图4-22　快速选择工具属性栏

快速选择工具属性栏中的主要按钮如下。

　　"新建选区"按钮，可创建新选区。

　　"添加到选区"按钮，可在原有的选区基础上创建一个新的选区。

　　"从选区减去"按钮，可在原有的选区基础上减去新绘制的选区。

　　"画笔选择器按钮"，单击该按钮右侧的箭头，在弹出的画笔选择器中可以设置画笔的大小、硬度、间距等，通过对画笔的设置可以设置笔尖的形状样式。

下面学习快速选择工具的使用。

Step 1　打开素材，如图4-23所示。

Step 2　选择"快速选择工具"，用画笔在背景上设置选区，如图4-24所示。

图4-23　打开素材　　　　　　　　图4-24　设置选区

Step 3　按Alt键，在公仔上进行减选选区，减选后如图4-25所示。

Step 4　在菜单栏执行"选择">"反选"命令，单击"选择并遮住"按钮，打开"选择并遮住"面板，在右侧"输出到"中选择"新建带有图层蒙版的图层"，如图4-26所示。

图4-25　减选选区　　　　　　　　图4-26　选择并遮住

Step 5　单击"确定"按钮，完成公仔的抠图，如图4-27所示。

Step 6　新建图层，填充白色，将图层移动到公仔图层的下方，效果如图4-28

所示。

图4-27 完成抠图

图4-28 新建图层

Step 7　在菜单栏执行"文件">"存储"命令，保存文件。

4.5　魔棒工具

使用魔棒工具可以快速地选择图像中色彩相近的部分，其使用方法与快速选择工具类似。在工具箱中选择魔棒工具后，其属性栏如图4-29所示。

图4-29 魔棒工具属性栏

魔棒工具属性栏中的主要选项如下。

取样大小：用于控制建立选区的取样点大小，取样点越大，创建的选区越大。

容差：用于确定将要选择的颜色区域与已选择的颜色区域的颜色差异度。数值越低，颜色差异度越小，所建立的选区也越精确。

连续：勾选"连续"复选框，只选中与取样点相连接的颜色区域。若不勾选"连续"复选框，则选中整个图像中与取样点颜色类似的区域。

对所有图层取样：当编辑的图像是一个包含多个图层的文件时，勾选"对所有图层取样"复选框，在所有可见图层上选择建立选区。若没有勾选"对所有图层取样"复选框，则在当前图层中建立相似选区。

下面我们学习使用魔棒工具抠图的方法。

Step 1　打开素材，如图4-30所示。

Step 2　选择"魔棒工具"，将容差设置为"40"，在背景上单击设置选区，如图4-31所示。

Step 3　按住Shift键，将鼠标指针移动到右侧锯齿选区的位置，单击背景进行加选，再移动到左下角袖口位置单击，进行加选背景，如图4-32所示。

图4-30　打开素材

图4-31　用魔棒工具抠图

图4-32　加选背景

Step 4　在菜单栏执行"选择">"反选"命令，单击"选择并遮住"按钮，打开"选择并遮住"面板，在右侧选择缩放工具，单击放大图片，如图4-33所示。

图4-33 放大图片

Step 5 在右侧选择"多边形套索工具",对领口处进行加选,如图4-34所示。

图4-34 对领口处进行加选

Step 6 在右侧"输出到"中选择"新建带有图层蒙版的图层",单击"确定"按钮,输出抠图,如图4-35所示。

Step 7 新建图层,填充白色,将图层移动到羊毛衫图层的下层,最终效果如图4-36所示。

图4-35　输出抠图　　　　　　　　图4-36　最终效果

Step 8　在菜单栏执行"文件">"存储"命令，保存文件。

4.6　色彩范围抠图

使用色彩范围抠图可以根据图像的颜色范围创建选区，在这一点上它与魔棒工具有很大相似之处，下面我们来学习色彩范围的抠图方法。

Step 1　打开素材，在菜单栏执行"选择">"色彩范围"命令，打开色彩范围对话框，如图4-37所示。

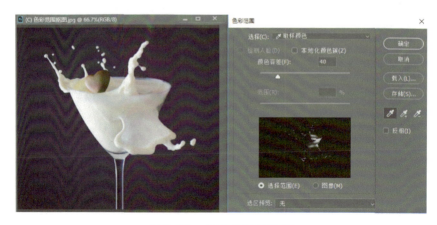

图4-37　色彩范围对话框

> **提示：** 选区预览下方包括两个选项。如果勾选"选择范围"，在预览区域的图像中，白色代表了被选择的区域，黑色代表没被选择的区域，灰色代表了部分被选择的区域；如果勾选"图像"，则预览区域内会显示彩色的图像。

Step 2 在文档窗口的背景上单击，进行颜色取样，单击"添加到取样颜色"按钮，在右下角单击并向下移动鼠标指针，将该区域的背景全部添加到选区中，从"色彩范围"对话框中可以看出，该处全部变成了白色，如图4-38所示。

图4-38 颜色取样

Step 3 向左侧拖曳"颜色容差"滑块，这样可以将杯子调整为黑色，如图4-39所示。

图4-39 调整颜色容差

Step 4 单击"确定"按钮,在菜单栏执行"选择">"反向"命令,即可选择杯子,单击"选择并遮住"按钮,打开"选择并遮住"面板,如图4-40所示。

图4-40 "选择并遮住"面板

Step 5 选择"调整边缘画笔工具",在杯子边缘拖曳,这样可以将杯子边缘的蓝色去除掉,如图4-41所示。

图4-41 去除杯子边缘的蓝色

第4章 选区和抠图

Step 6 在"输出到"中选择"新建带有图层蒙版的图层",单击"确定"按钮,完成杯子的抠图。新建白色的背景图层,将其移动到杯子图层的下层,最终效果如图4-42所示。

Step 7 在菜单栏执行"文件">"存储"命令,保存文件。如果背景是其他颜色,我们可以结合调色工具,调整边缘轮廓的颜色,使其与背景统一。

图4-42 最终效果

4.7 选择并遮住抠图

打开"选择与遮住"对话框,左边的工具分别是:快速选择工具、调整边缘画笔工具、画笔工具、套索工具、抓手工具和缩放工具。

Step 1 打开素材,在菜单栏执行"选择">"选择并遮住"命令,将右侧属性面板上的透明度调整为50%,如图4-43所示。

图4-43 调整透明度

83

Step 2 选择"快速选择工具",在人物照片上拖曳鼠标指针进行选择,如图4-44所示。

图4-44 用快速选择工具选择

Step 3 选择"调整边缘画笔工具",按中括号键改变画笔的大小,调整至合适的大小,在头发的边缘拖曳鼠标指针进行绘制,在属性面板中将透明度设置为100%,这样人物的头发丝就被抠出来了,如图4-45所示。

图4-45 用调整画笔边缘工具抠图

Step 4 在属性栏"输出到"中选择"新建带有图层蒙版的图层",单击"确定"按钮,输出抠图,如图4-46所示。

Step 5 新建图层,填充白色,移动到人物图层下面,最终效果如图4-47所示。

图4-46 输出抠图

图4-47 最终效果

4.8 对象选择工具

Photoshop CC新增了对象选择工具,方便我们快速抠图。

Step 01 打开玩具素材,选择"对象选择工具",框选左侧的玩具,如图4-48所示。

Step 02 单击属性栏中的"选择并遮住"按钮,在"输出到"中选择"新建带有图层蒙版的图层",如图4-49所示。

图4-48 框选对象

图4-49　选择并遮住

Step 03　单击"确定"按钮，即可完成抠图，如图4-50所示。

图4-50　抠图

同样的我们也可以框选其他对象，自动生成选区并进行抠图。

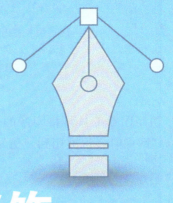

第5章
照片修复与修饰

Photoshop提供了大量的照片修复与修饰工具，如仿制图章工具、污点修复画笔工具和修补工具等，它们可以快速地修复照片中的污点和瑕疵。可以通过液化工具对人物进行瘦身、塑形。

5.1 仿制图章工具

仿制图章工具可将图像的一部分复制到同一图像的另一位置，其在复制图像或修复图像时经常被用到。仿制图章工具属性栏，如图5-1所示。

图5-1 仿制图章工具属性栏

仿制图章工具属性栏中的主要选项如下。

切换"画笔"面板：单击该按钮，打开"画笔"面板，在打开的面板中可设置不同的画笔样式。

切换"仿制源"面板：单击该按钮，打开"仿制源"面板，在其中可设置图章的样式。

对齐：勾选"对齐"复选框，可对连续的颜色像素进行取样，松开鼠标时，不影响取样点。

样本：用于指定从哪个图层中进行取样。

下面我们使用仿制图章工具去除多余的对象。

Step 1 打开素材，可以看到照片中右侧出现了多余的动物，使画面不够完美，如图5-2所示。

图5-2 打开素材

Step 2 按Ctrl+J组合键复制"背景"图层,选择仿制图章工具,在仿制图章工具属性栏中选择一个柔角的画笔,将鼠标指针放在画面右侧的地面上,按Alt键进行取样,然后松开Alt键对多余内容进行涂抹,如图5-3所示。

图5-3 对多余内容涂抹

Step 3 再在后面的背景上进行取样,然后继续涂抹,将多余内容进行覆盖,如图5-4所示。

图5-4 覆盖多余内容

Step 4 保存文件即可。

5.2 污点修复画笔工具

污点修复画笔工具可以消除图像中的污点，在处理人像时经常使用。使用污点修复画笔工具可调整、修复图像区域的颜色、阴影和透明度等，污点修复画笔工具属性栏如图5-5所示。

图5-5 污点修复画笔工具属性栏

污点修复画笔工具属性栏中的主要选项如下。

模式：用于设置修复图像时使用的混合模式，除了"滤色"和"正片叠底"等模式，还可使用"替换"模式，以保留画笔描边边缘处的杂色、胶片颗粒和纹理。

类型：用于设置修复方式。选择"近似匹配"，可使用选区周围的像素来查找要作为选定区域修补的图像区域；选择"创建纹理"，可使用选区中所有像素创建一个用于修复该区域的纹理；选择"内容识别"，可使用选区周围的像素进行修复。

对所有图层取样：在编辑多个图层的图像时，可以对所有可见图层中的数据进行取样。

下面我们学习使用污点修复画笔工具去除人物面部杂点。

Step 1 打开素材，选择"污点修复画笔工具"，在污点修复画笔工具属性栏中选择一个柔角的画笔，将"类型"设置为"内容识别"，勾选"对所有图层取样"，新建一个图层，如图5-6所示。

第5章　照片修复与修饰

图5-6　打开素材

Step 2　将鼠标指针移动到额头斑点处,单击即可清除斑点,采用相同的方法修复脸部的其他斑点,如图5-7所示。

图5-7　污点修复

> 提示：对于污点修复画笔工具，一般不推荐直接在原图上使用，建议新建一个图层，然后将污点修复画笔工具的"类型"设置为"内容识别"，并且对所有图层取样，在取样过程中，一定要保证画笔的笔触大小与污点大小相匹配。

5.3 修补工具

修补工具与污点修复画笔工具类似，它可以用其他区域或图案中的像素来修复选中的区域，并将样本像素的纹理、光照、阴影与源像素进行匹配，修补工具属性栏如图5-8所示。

图5-8 修补工具属性栏

修补工具属性栏中的主要选项如下。

■新选区，可以创建一个新的选区。

■添加到选区，可以在当前选区的基础上添加新的选区。

■从选区减去，可以在原选区中减去当前绘制的选区。

■与选区交叉，可得到原选区与当前选区相交的部分。

修补：使用来自图像其他部分的图案或像素替换选定的区域。

透明：勾选"透明"后，可以使修补图像与源图像产生透明的叠加效果。

使用图案：在图案的下拉面板中选择一个图案，单击该按钮，可以使用图案修补该选区内的图像。

下面学习使用修补工具复制图像。

Step 1　打开素材，如图5-9所示。

Step 2　选择"修补工具"，在修补工具属性栏中将"修补"设置为"目标"，在画面中单击并拖动鼠标创建选区，将小狗选中，如图5-10所示。

第5章 照片修复与修饰

图5-9 打开素材

图5-10 选中小狗

Step 3 将鼠标指针放在选区内，单击并向右拖曳复制图形，效果如图5-11所示。

Step 4 按Ctrl+D组合键取消选区，保存文件，如图5-12所示。

图5-11 移动选区

图5-12 取消选区

5.4 内容感知移动工具

内容感知移动工具是更加强大的修复工具，它可以选择和移动局部的图像，当图像重新组合后，出现的空洞会自动填充相匹配的图像内容。内容感知移动工具属性栏，如图5-13所示。

93

Photoshop CC从入门到精通

图5-13 内容感知移动工具属性栏

内容感知移动工具属性栏中的主要选项如下。

模式：用来选择图像的移动方式，包括移动和扩展。

对所有图层取样：如果文档中包含多个图层，勾选该选项，可以对所有图层中的图像进行取样。

下面我们来学习使用内容感知移动工具修复照片。

Step 1　打开素材，按Ctrl+J组合键复制"背景"图层，如图5-14所示。

Step 2　选择内容感知移动工具，在工具选项栏中将"模式"设置为"移动"，在画面中单击并拖曳鼠标创建选区，将小鸟选中，如图5-15所示。

Step 3　将鼠标指针放在区域内，单击并向画面左侧拖曳，将小鸟移动到左侧新位置，如图5-16所示。

图5-14 复制图层

图5-15 创建选区

图5-16 移动选区

第5章 照片修复与修饰

Step 4 双击确定后，按Ctrl+D组合键取消选区，用修补工具将背景处理一下，让效果更加自然，如图5-17所示。

Step 5 复制背景图层，用内容感知移动工具重新选择小鸟，在内容感知移动工具属性栏中选择"扩展"模式，将鼠标指针放在选区上，向左拖动鼠标指针，复制小鸟，如图5-18所示。

图5-17 取消选区　　　　　　　　　　　图5-18 复制小鸟

Step 6 在菜单栏执行"文件">"存储"命令，保存照片即可。

5.5 液化滤镜工具

液化是摄影爱好者必须掌握的工具，液化效果并不一定要夸张，但是一定要合理。液化滤镜工具是修饰图像的强大工具，其使用方法简单，功能强大，能实现推拉、扭曲、旋转和收缩等变形效果，可以用来修饰图像的任意区域。下面我们使用液化滤镜工具进行瘦脸。

Step 1 打开素材，按Ctrl+J组合键复制背景图层，在菜单栏执行"滤镜">"液化"命令，打开"液化"对话框，如图5-19所示。

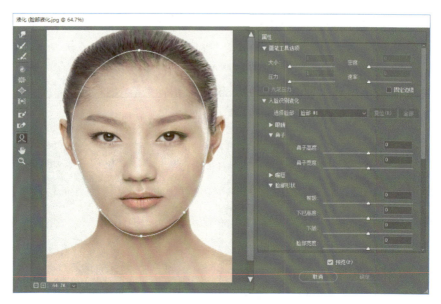

图5-19 "液化"对话框

Step 2 选择"脸部工具",调整脸部下巴的形状,如图5-20所示。

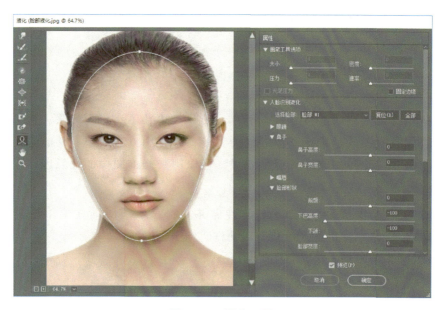

图5-20 调整下巴

Step 3 选择"向前变形工具",将额头向两侧移动,调整脸部,如图5-21所示。

第5章 照片修复与修饰

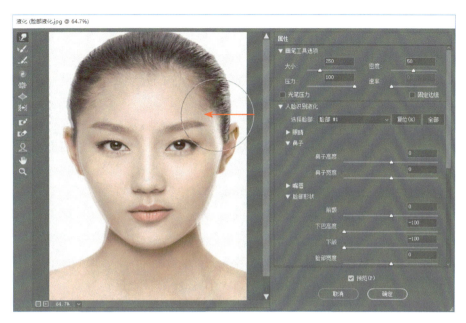

图5-21 调整脸部

Step 4 单击"确定"按钮,完成脸部的液化,我们可以对比一下调整前和调整后的效果,如图5-22所示。

图5-22 调整效果对比

97

第6章
图像调色

调色可以让照片更加有意境，色彩更加协调，更加有艺术感和韵味。拍摄好照片之后，我们要知道如何对一张照片进行调色，以及使用哪些工具进行调色。

第6章　图像调色

6.1　调色工具分类

我们可以对调色工具进行分类。为什么要将调色工具进行分类呢？因为很多摄影爱好者在调色的时候，不知道使用哪种工具。大家在调色的时候可以忽略不常用的工具，红框中的工具是调色时不常用到的工具，如图6-1所示。

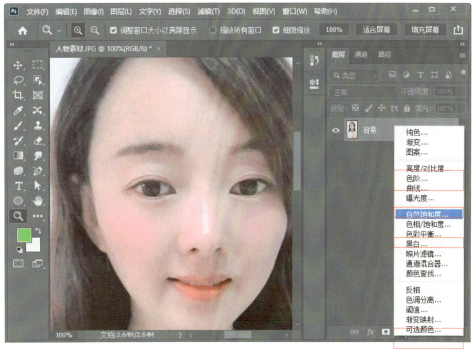

图6-1　调色时不常用到的工具

调色工具主要分为两类：整体调色工具，包括纯色层、照片滤镜、曲线；局部调色工具，包括色彩平衡、色相饱和度和可选颜色。

6.2　黑白调色

在人像、风光摄影领域，黑白照片是一种很特殊的表现形式，黑白效果对好作品而言可以凸显光影和明暗变化关系、强化对比度，下面我们来制作黑白照片效果。

Step 1 打开素材,如图6-2所示。

图6-2 打开素材

Step 2 在菜单栏执行"图像">"调整">"去色"命令,将图像调整为黑白效果,如图6-3所示。

图6-3 将图像调整为黑白效果

Step 3 按Ctrl+J组合键复制图层,将复制的图层模式设置为"滤色",不透明度设为50%,提高图像的亮度,如图6-4所示。

Step 4 在菜单栏执行"滤镜">"模糊">"高斯模糊"命令,打开"高斯模糊"对话框,半径设置为6,对图像进行模糊处理,使色调变得柔和,如图6-5所示。

图6-4 复制图层

Step 5 单击"确定"按钮,对图层进行模糊处理,这样我们就完成了图像的黑白调色,最终效果如图6-6所示。

图6-5 "高斯模糊"对话框

图6-6 最终效果

6.3 用色相/饱和度给衣服换颜色

调色是离不开色彩这个概念的,调色无非就是改变一个色彩的色相,降低或者加大色彩的饱和度，减少或者增加照片的明度。

色彩有3个属性，色相、饱和度和明度。色相是色彩的首要特征，简单来说就是一眼望去是什么颜色，就能判断出是什么色相。饱和度是指色彩的浓度，在调色的过程中很少用高饱和度的人物照片，基本都是利用低饱和度进行调整。明度是色彩的亮度，在调色过程中根据需要进行调整。下面学习使用色相/饱和度给衣服进行换色。

Step 1　打开素材，如图6-7所示。

Step 2　单击"调整"面板中的按钮，创建"色相/饱和度"调整图层，如图6-8所示。

图6-7　打开素材　　　　　　　图6-8　创建"色相/饱和度"调整图层

Step 3　在"全图"下拉列表中选择要调整的"绿色"，如图6-9所示。

Step 4　将"色相"滑块向左拖曳，将"饱和度"滑块向右拖曳，这样就调整了衣服的颜色，如图6-10所示。

第6章 图像调色

图6-9 选择绿色

图6-10 调整颜色

Step 5 我们也可以勾选"着色",对画面进行整体调色,将色相滑块向右滑动到紫色位置,将饱和度滑块向右滑动,效果如图6-11所示。

图6-11 对画面进行整体调色

Step 6 这样就进行了整体调色,下面对衣服进行调色。选择"画笔工具",

103

颜色设为黑色，在图层蒙版上绘制，只显示衣服的颜色，如图6-12所示。

图6-12　对衣服进行调色

我们也可以使用这种方法进行调色，这种方法可以调整多种色彩，上色方便。

6.4　色阶

色阶表示图像中高光、暗调和中间调的分布情况。"色阶"命令是图像处理中使用最频繁的命令之一，其不仅可以对图像的明暗对比效果进行调整，还可以对阴影、高光和中间调进行调整。

通道：在该下拉列表框中可以选择要查看或调整的颜色通道。若选择RGB通道，表示对整幅图像进行调整。

输入色阶：第一个滑块用于设置图像的暗部色调，取值范围为0~253；第二个滑块用于设置图像中的中间色调，取值范围为0.10~9.99；第三个滑块用于设置图像的亮部色调，取值范围为1~255。

输出色阶：第一个滑块用于提高图像的暗部色调，取值范围为0~255；第二个滑块用于降低图像的亮部色调，取值范围为0~255。

下面我们学习色阶命令的使用。

Step 1　打开素材，如图6-13所示。

Step 2　按Ctrl+J组合键复制背景图层，在菜单栏执行"图像">"调整">"色阶"命令，打开"色阶"对话框，如图6-14所示。

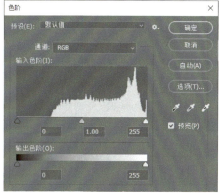

图6-13　打开素材　　　　　图6-14　"色阶"对话框

Step 3　调整色阶，将"输入色阶"中第一个滑块向右拖曳，第二个滑块也向右拖曳，如图6-15所示。

图6-15　调整色阶

这样就可以加强图像的对比度，减少白色区域，使照片变得更加清晰。

6.5 曲线

"曲线"命令可以对图像的色彩、亮度和对比度进行综合调整，使图像色彩更加具有质感；还可以在暗色调到高光色调范围内对多个不同的点进行调整，使原本色彩昏暗的图像变得清晰、明亮。"曲线"对话框如图6-16所示。

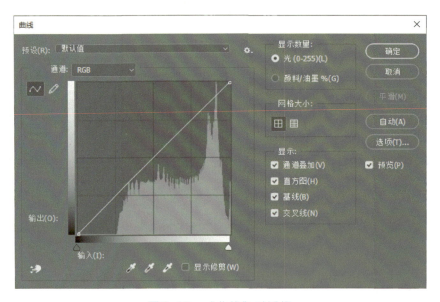

图6-16 "曲线"对话框

预设："预设"下拉列表框提供了9种曲线选项，是Photoshop预设的曲线效果，直接选择需要的选项即可应用相应的曲线效果。

图表：水平轴表示原来图像的亮度值，即图像的输入值；垂直轴表示图像处理后的亮度值，即图像的输出值。单击图表下边的光谱条，可在黑色和白色之间切换。在图表的曲线上单击，将创建一个相应的调节点，然后通过拖动调节点即可调整图像的明度。

输入/输出："输入"文本框指输入色阶，显示调整前的像素值；"输出"文本框指输出色阶，显示调整后的像素值。

通道叠加：勾选该复选框，则在复合曲线中可同时查看红色、蓝色、绿色通道的曲线。

基线：勾选该复选框，可显示基线曲线值的对角线。

交叉线：勾选该复选框，可以显示出用于确定点位置的交叉线。下面我们学习曲线命令的使用。

Step 1　打开素材，如图6-17所示。

Step 2　按Ctrl+J组合键复制图层，在菜单栏执行"图像">"调整">"曲线"命令，打开"曲线"对话框，如图6-18所示。

Step 3　整个图像偏亮，有点发黄，调整曲线，在曲线中间单击并向下拖曳，调暗图像，如图6-19所示。

图6-17　打开素材

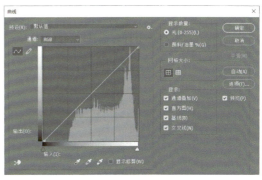
图6-18　"曲线"对话框

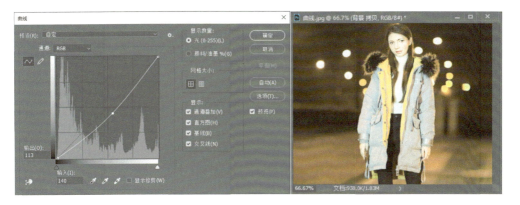
图6-19　调整曲线

Step 4　在通道里选择"红色通道"，将红色曲线向下拖曳，减少图像红色，如图6-20所示。

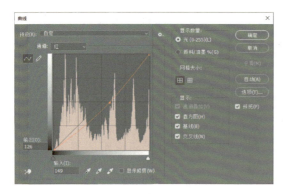

图6-20　调整红色通道曲线

Step 5　现在照片有些偏绿,选择"绿色"通道,将曲线向下拖曳,如图6-21所示。

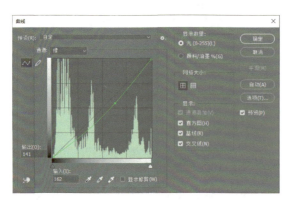

图6-21　调整绿色通道曲线

至此,我们就完成了色彩的调整和明度的调整。

6.6　色彩平衡

色彩平衡可以选择一个或者多个色调进行调整,包括阴影、中间调和高光。在"色彩平衡"对话框中,相对的两种颜色互为补色,如青色和红色,提高某种颜色的比重时,对于另一侧的补色的颜色就是减少,如图6-22所示。

第6章　图像调色

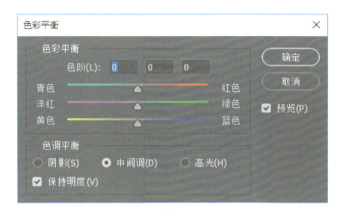

图6-22　"色彩平衡"对话框

下面介绍用色彩平衡进行调色。

Step 1　打开素材，单击图层面板下方的调整图层按钮 ，在弹出的菜单中选择"色彩平衡"选项，如图6-23所示。

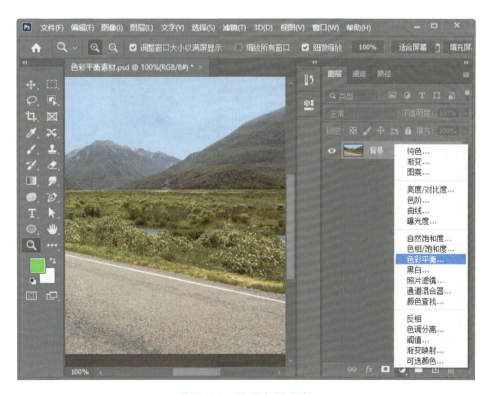

图6-23　选择色彩平衡

Step 2   设置色彩平衡参数，调整中间调、阴影和高光，如图6-24所示。

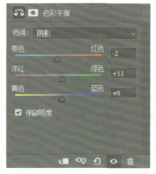

图6-24   设置色彩平衡参数

Step 3   调整后的效果如图6-25所示。

图6-25   调整后的效果

6.7   可选颜色

"可选颜色"命令可以对图像中的颜色进行修改，它主要针对青色、洋红色、黄色和黑色进行调整，从而不影响其他颜色。下面我们学习可选颜色的使用。

Step 1   打开素材，单击图层面板下方的调整图层按钮 ，在弹出的菜单中选择"可选颜色"选项，如图6-26所示。

第6章 图像调色

图6-26 打开素材

Step 2 对红色和中性色进行调整,如图6-27所示。

 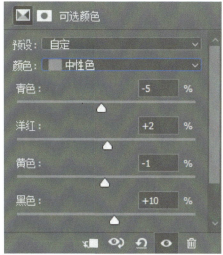

图6-27 调整红色和中性色

Step 3 调整后的效果如图6-28所示。

图6-28 调整后的效果

一般情况下，拍摄的图片有色差的话，可以通过可选颜色进行调色。

6.8 通道混合器

通道混合器的原理为：以图像中任意通道或者任意通道组合作为输入，通过调整，重新匹配通道并输出至原始图像。下面我们学习通道混合器的使用。

Step 1 打开素材，单击图层面板下方的调整图层按钮，在弹出的菜单中选择"通道混合器"选项，如图6-29所示。

图6-29 选择"通道混合器"

Step 2　整个图像偏绿，我们选择"蓝"输出通道，给画面添加蓝色。然后选择"绿"输出通道，增加蓝色数值，调整参数如图6-30所示。

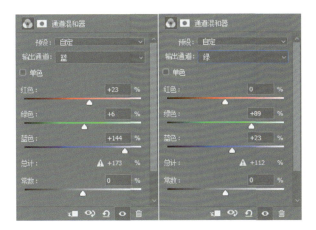

图6-30　调整颜色

Step 3　这样就可以将整个场景调整为蓝色调，效果如图6-31所示。

图6-31　调整后的效果

我们可以通过通道混合器调整整个画面的色调。

6.9　LOMO照片调色

LOMO照片调色常常表现为鲜艳的色彩，下面我们学习LOMO照片调色方法。

Step 1 打开素材,如图6-32所示。

Step 2 新建图层,选择"污点修复画笔工具",将脸部的斑点去除,勾选"对所有图层取样",效果如图6-33所示。

图6-32 打开素材　　　　　　　图6-33 污点修复效果

Step 3 脸部的左侧和眉弓处高光过亮,需要降低高光。按Ctrl+Shift+Alt+E组合键盖印图层,选择修补工具,向右侧脸部拖曳,效果如图6-34所示。

Step 4 按Ctrl+H组合键,隐藏选区,在菜单栏执行"编辑">"渐隐"命令,可以降低不透明度,效果如图6-35所示。

图6-34 降低高光　　　　　　　图6-35 降低不透明度

Step 5　用同样的方法，将曝光修复，效果如图6-36所示。

Step 6　按Ctrl+Shift+Alt+E组合键盖印图层，在菜单栏执行"图像">"模式">"Lab模式"命令，在弹出的对话框中单击"不拼合"按钮，如图6-37所示。

图6-36　曝光修复　　　　　　　　图6-37　单击"不拼合"按钮

Step 7　在图层面板下添加"曲线"调整图层，对a通道和b通道进行调整，如图6-38所示。

图6-38　曲线调整

Step 8 调整后的整个画面偏黄，衣服的颜色有些发绿，选择"画笔工具"，颜色设为黑色，在曲线蒙版上将衣服的位置绘制黑色，效果如图6-39所示。

图6-39 调整后的效果

Step 9 复制一层曲线调整图层，设置图层的混合模式为"柔光"，图层的不透明度设为40%，加强效果。

Step 10 在图层面板下添加"色彩平衡"，调整阴影、高光和中间调的参数，如图6-40所示。

图6-40 色彩平衡调整

Step 11 调整后的衣服的颜色开始偏黄，整个画面的颜色效果更加统一，效果如图6-41所示。

图6-41 调整后的效果

Step 12 新建图层，填充黑色，在黑色图层上创建图层蒙版，选择渐变工具，类型设为"径向"，在蒙版上拖曳，图层的不透明度设为25%，如图6-42所示。

图6-42 创建图层蒙版

Step 13 在图层面板上添加"亮度/对比度"，调整画面的对比度，如图6-43所示。

图6-43 亮度/对比度调整

Step 14 按Ctrl+Shift+Alt+E 组合键盖印图层,在菜单栏执行"滤镜">"锐化">"USM锐化"命令,对照片进行锐化处理,加强照片清晰度,如图6-44所示。

图6-44 对照片进行锐化处理

至此,我们就完成了照片的处理。

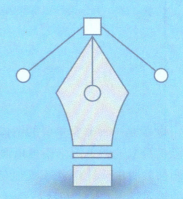

第7章
图像蒙版与通道

在Photoshop软件中，蒙版是一种遮罩工具，蒙版可以将部分图像遮住，从而控制图像的显示和隐藏，可以让我们轻松合成图像。在Photoshop软件中提供了三种蒙版：图层蒙版、矢量蒙版和剪贴蒙版。图层蒙版使用灰度信息来控制图像的显示区域；矢量蒙版通过路径和矢量形状控制图像的显示区域；剪贴蒙版通过一个对象形状来控制其他图层的显示区域。

7.1 图层蒙版

蒙版是一种非常重要的图像编辑工具，使用蒙版不但能避免用户使用橡皮擦和删除工具造成的失误，还可以通过对蒙版使用滤镜，制作出一些让人惊奇的效果。在图层蒙版中，纯白色区域对应的图像是可见的，灰色区域会使图像呈现出一定程度的透明效果，纯黑色区域会遮住图像。下面学习图层蒙版的使用方法。

Step 1　打开两张素材文件，如图7-1所示。

图7-1　打开素材文件

Step 2　选择"移动工具"，将建筑素材移动到人物素材的文档中，生成"图层1"，将它的不透明度设置为30%，以便对建筑素材进行变形操作时能够准确地观察到鼠标指针，如图7-2所示。

Step 3　按Ctrl+T组合键，缩放图片大小并旋转图片角度，如图7-3所示。

图7-2　设置不透明度　　　　　　图7-3　缩放并旋转图片

Step 4 按回车键确认操作,单击"图层"上的蒙版按钮,为图层添加蒙版,选择"画笔"工具,在建筑上涂抹黑色,用蒙版遮盖图像,如图7-4所示。

图7-4 图层蒙版

Step 5 将图层的不透明度设置为60%,模式改为"滤色",效果如图7-5所示。

图7-5 滤色模式效果

至此，我们就完成了图像的蒙版遮罩，图层蒙版主要用于图像的合成，也可以用来抠图。

7.2 矢量蒙版

矢量蒙版是用钢笔工具和各种形状工具创建的蒙版，其可以在图层上绘制路径形状来控制图像的显示与隐藏，并且可以调整和编辑路径节点。通过矢量蒙版可以制作出精确的蒙版区域，下面学习矢量蒙版的使用方法。

Step 1　打开素材文件，如图7-6所示。

图7-6　打开素材文件

Step 2　将人物素材拖曳到笔记本素材文档上，将图层的不透明度设为50%，效果如图7-7所示。

Step 3　按Ctrl+T组合键对图像进行自由变换，按Ctrl键移动控制点，效果如图7-8所示。

图7-7　设置不透明度　　　　　　　图7-8　自由变换

Step 4 按回车键,选择"钢笔工具",属性设置为"路径",绘制形状,效果如图7-9所示。

Step 5 在菜单栏执行"图层">"矢量蒙版">"当前路径"命令,这样路径里的图像将被显示出来,路径外的图像将被隐藏,"图层1"上将显示矢量蒙版,如图7-10所示。

图7-9 用钢笔工具绘制路径　　　　　　图7-10 显示矢量蒙版

Step 6 将图层的不透明度设置为100%,整个人物将被显示出来,效果如图7-11所示。

Step 7 打开特效素材,将素材拖曳到图层上,如图7-12所示。

图7-11 设置不透明度　　　　　　图7-12 打开特效素材

Step 8 为特效素材添加图层蒙版,选择"画笔工具",颜色设为黑色,在图层上绘制,这样计算机屏幕外的光将不显示,如图7-13所示。

至此,我们就完成了图像的合成,由于矢量蒙版是通过矢量工具创作的,所以矢量蒙版与分辨率无关,不论怎么变形都不影响其轮廓边缘的光滑程度,而且矢量蒙版只需要一个图层即可。

图7-13　添加图层蒙版

7.3　剪贴蒙版

剪贴蒙版由基底图层和内容图层组成,其中内容图层位于基底图层上方。基底图层用于限制图层的最终形式,而内容图层则用于限制最终图像显示的图案。需要注意的是:一个剪贴蒙版只能拥有一个基底图层,但其可以拥有多个内容图层。下面学习剪贴蒙版的使用方法。

Step 1　打开素材,如图7-14所示。

图7-14　打开素材

Step 2 选择"矩形工具",属性设为"形状",绘制一个矩形,如图7-15所示。

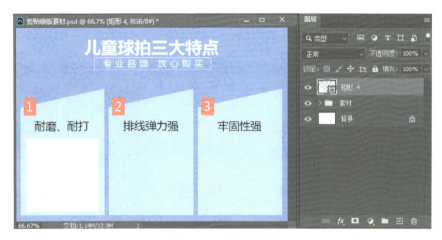

图7-15 绘制矩形

Step 3 打开"素材001",将素材拖曳到文档上,并移动到矩形上方,如图7-16所示。

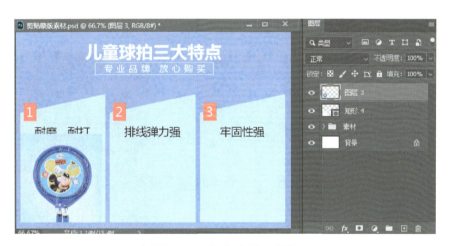

图7-16 拖曳素材到文档

Step 4 在菜单栏执行"图层">"创建剪贴蒙版"命令,只能看到球拍的一部分,按Ctrl+T组合键进行自由变换,缩放至合适大小,如图7-17所示。

Step 5 按回车键,完成第一个剪贴图层蒙版的制作。

Step 6 在图片中间绘制一个矩形，如图7-18所示。

Step 7 打开"素材002"，将其拖曳到中间的矩形上，在菜单栏执行"图层">"创建剪贴蒙版"命令，只能看到球拍的一部分，按Ctrl+T组合键进行自由变换，缩放至合适大小，如图7-19所示。

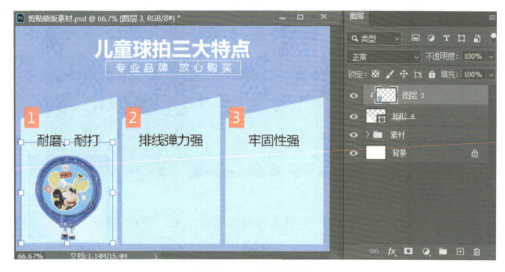

图7-17 自由变换

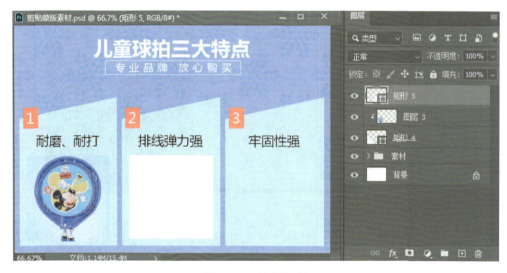

图7-18 绘制矩形

第7章 图像蒙版与通道

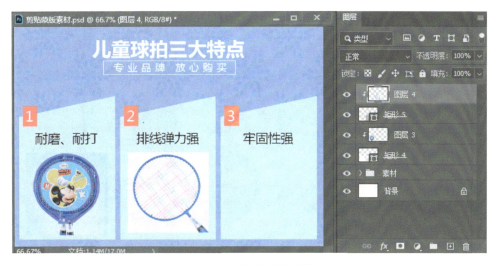

图7-19 创建剪贴蒙版

Step 8 在右侧绘制一个矩形，如图7-20所示。

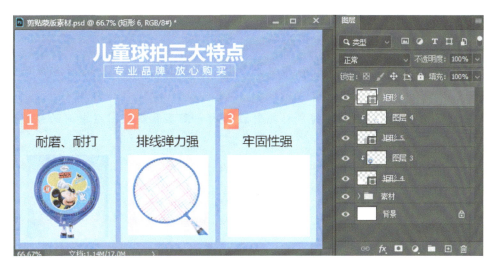

图7-20 绘制矩形

Step 9 打开"素材003"，将其拖曳到右侧的矩形上，在菜单栏执行"图层">"创建剪贴蒙版"命令，只能看到球拍的一部分，按Ctrl+T组合键进行自由变换，缩放至合适大小，如图7-21所示。

127

图7-21 创建剪贴蒙版

至此,我们就完成了剪贴蒙版的创建。

> **提示:** 为图层创建剪贴蒙版后,若觉得效果不佳,可将剪贴蒙版取消,即释放剪贴蒙版。释放剪贴蒙版的方法如下。
>
> 1. 通过菜单命令:选择要释放的剪贴蒙版,再执行"图层">"释放剪贴蒙版"命令。
>
> 2. 通过拖动:按住Alt键,将鼠标指针放到内容图层和基底图层中间的分割线上,当鼠标指针变形时单击,释放剪贴蒙版。

7.4 通道

通道用于存放颜色和选区信息,在实际应用中,通道是选取图层中某部分图像的重要工具。用户可以分别对每个颜色的通道进行明度、对比度调整,甚至可以对颜色通道单独执行滤镜功能,从而产生各种图像特效,通道面板如图7-22所示。

第7章 图像蒙版与通道

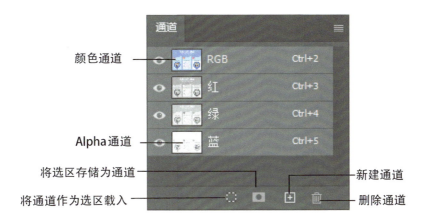

图7-22 通道面板

将通道作为选区载入：单击该按钮，可载入所选通道中的选区。

将选区存储为通道：单击该按钮，可以将图像中的选区保存在通道中。

新建通道：单击该按钮，创建Alpha通道。

删除通道：单击该按钮，可删除除复合通道外的任意通道。通道分为3种类型：颜色通道、专色通道和Alpha通道。

颜色通道：颜色通道的效果类似于摄影胶片，用于记录图像颜色信息的通道。不同的颜色模式产生的通道数量和名称有所不同，如RGB图像包括复合通道、红通道、绿通道、蓝通道；CMYK图像包括复合通道、青色通道、洋红色通道、黄色通道、黑色通道；Lab图像包括复合通道、明度通道、a通道、b通道，如图7-23所示。

专色通道：专色通道用于存储印刷时使用的专色，专色是为印刷出特殊效果而预先混合的油墨。它们可替代普通的印刷色油墨。在一般情况下，专色通道都以专色的颜色命名。一般在印刷品做烫金效果的时候会用到专色通道。

Alpha通道：用于保存选区的通道。用户可通过Alpha通道保存选区，也可将选区存储为灰度图像，便于通过画笔、滤镜等工具修改选区，还可从Alpha通道载入选区。

图7-23　颜色通道面板

在Alpha通道面板中，白色表示选区，黑色表示非选区，灰色是半透明选区（羽化区域）。使用白色涂抹通道可扩大选区，使用黑色涂抹通道可缩小选区，使用灰色涂抹通道可扩大羽化范围，如图7-24所示。

在使用Photoshop给图像抠图时，除了可以通过选区工具组、钢笔工具等抠图，我们还可以通过通道调整图像的色相或明度来创建选区，然后使用通道或配合画笔工具等对通道进行调整，得到比较精确的选区，最后对图像进行抠取。下面学习使用通道抠图的方法。

Step 1　打开素材，如图7-25所示。

图7-24　Alpha通道面板　　　　图7-25　打开素材

Step 2　打开通道面板，观察毛绒玩具颜色在不同颜色通道下和背景色对比哪个比较强，我们观察到蓝色通道的对比度强，将蓝色通道拖曳到新建图层按钮上，复制一个图层，如图7-26所示。

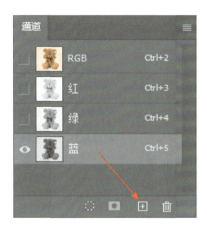 

图7-26 复制蓝色通道

Step 3 在菜单栏执行"图像">"计算"命令,弹出计算对话框,将混合设为"正片叠底",这样会加强蓝色通道的对比度,图层会生成一个新的通道,如图7-27所示。

图7-27 计算通道

Step 4 单击"确定"按钮,再选择"计算"命令,再加强一次对比度,又生成了一个新的通道,计算后的效果如图7-28所示。

Step 5 这样就将毛绒玩具调整为黑色了,背景色设为灰色,标签的颜色设为白色,选择"多边形套索工具",选择标签的轮廓,填充黑色,如图7-29所示。

Step 6 按"Ctrl+L"组合键,打开色阶面板,调整通道颜色的对比度,单击"确定"按钮,完成色阶调整,如图7-30所示。

图7-28　计算后的效果

图7-29　多边形套索工具

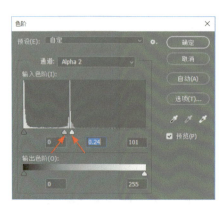

图7-30　色阶调整

Step 7　在通道面板单击"将通道作为选区载入"按钮，如图7-31所示。

Step 8 在菜单栏执行"选择">"反选"命令，在通道面板选择RGB复合通道，如图7-32所示。

图7-31 将通道作为选区载入　　　图7-32 选择RGB复合通道

Step 9 在菜单栏执行"选择">"选择并遮住"命令，打开"选择并遮住"面板，如图7-33所示。

图7-33 打开"选择并遮住"面板

Step 10 我们可以看到毛绒玩具边缘调整得非常好，但是毛绒玩具的投影有块黄色，在左侧选择"调整边缘画笔工具"，在黄色部分绘制，这样就将下面的颜色去除了，如图7-34所示。

图7-34　用调整边缘画笔工具去除多余颜色

Step 11　在"输出到"中选择"新建带有图层蒙版的图层"，单击"确定"按钮，完成毛绒玩具的抠图，如图7-35所示。

Step 12　新建图层，填充白色，将图层移动到毛绒玩具图层下面，最终效果如图7-36所示。

图7-35　完成抠图　　　　　　　　　图7-36　最终效果

至此，我们就完成了使用通道抠图，在这里希望大家掌握使用通道抠图的方法，能够举一反三。

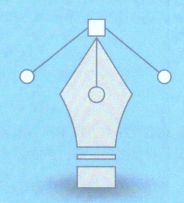

第8章
文字与排版

文字是生活中十分常见的信息传递工具,在设计作品时,文字也是一种非常重要的元素,其不仅能传递图像信息,还能起到丰富图像内容、美化图像、强化主题的作用。

8.1 认识文字工具

创建文字的方法不同，创建出的文字类型也不同，Photoshop提供了四种文字工具：横排文字工具、直排文字工具、横排文字蒙版工具和直排文字蒙版工具。

横排文字工具可创建水平方向的文字，直排文字工具可创建垂直方向的文字。

选择文字工具后在其属性栏中可设置字体样式、字号大小、文字颜色等效果。文字工具属性栏，如图8-1所示。

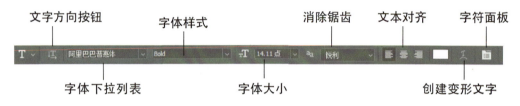

图8-1 文字工具属性栏

我们还可以通过字符面板设置字体属性，字符面板集成了所有的字符属性。在文字工具属性栏中单击字符面板按钮，即可打开字符面板。在字符面板中，可供设置的属性包括字体、字号、行距、字距微调、比例间距等，我们只需在相应的下拉列表框中输入所需数值进行调整即可，如图8-2所示。

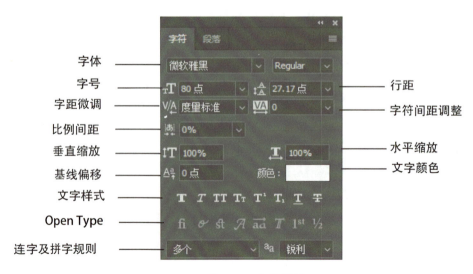

图8-2 字符面板

字符面板中的主要选项的作用如下：

行距：用于设置上一行文字与下一行文字之间的距离。

字距微调：用于微调两个字符之间的字距。

字符间距调整：用于设置所有文字之间的字距。输入正值，字距变大；输入负值，字距缩小。

比例间距：用于设置字符周围的间距，设置该值后，字符本身不被挤压或伸展，而是字符之间的间距被挤压或伸展。

垂直缩放：用于设置文字的垂直缩放比例，以调整文字的高度。

水平缩放：用于设置文字的水平缩放比例，以调整文字的宽度。

基线偏移：用于设置文字与文字基线之间的距离。为正值时文字上移，为负值时文字下移。

文字颜色：用于设置文字的颜色，单击"颜色"色块，打开"拾色器"对话框，可以选择颜色。

文字样式：包括"仿粗体""仿斜体""全部大写字母""小型大写字母""上标""下标""下画线"和"删除线"共8种，单击对应的按钮即可应用样式。应用一种样式后，再单击另一种样式，在其样式上进行叠加，但"全部大写字母"和"小型大写字母"除外。

为了使图像中的元素更丰富，用户可以自由选择文字工具，然后在图像中输入文字。在完成文字的输入后，还可根据实际需要对文字进行编辑。下面介绍创建各种不同类型的文字和设置文字属性的方法。

Step 1　打开素材，如图8-3所示。

图8-3　打开素材

Step 2　选择"文字工具",字体选择"微软雅黑",字号大小设为"73",文字颜色设为"白色",输入文本"满减优惠",选择移动工具,移动文本的位置,如图8-4所示。

图8-4　输入文本1

Step 3　选择文字工具,字体设为"黑体",字号大小设为"35",文字颜色设为"白色",输入文本"满500减30 满1000减200",如图8-5所示。

图8-5　输入文本2

Step 4　选择"文字工具",字体设为"黑体",输入文本"活动时间:9月1日-10日",如图8-6所示。

图8-6　输入文本3

Step 5　按Shift键选择三个文字图层，在"选择工具"属性栏上单击左对齐按钮，将三个图层进行左对齐。

Step 6　选择中间的图层，打开字符面板，调整字符的间距，使文本右侧对齐，如图8-7所示。

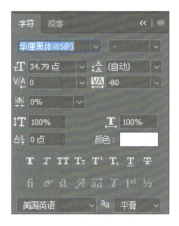

图8-7　调整字符的间距

Step 7　选择活动时间图层，打开字符面板，调整字符的间距，使文本右侧对齐，如图8-8所示。

图8-8　文本对齐

> 提示：设置字符间距可以通过字符面板进行设置，也可以使用快捷键进行设置。双击图层并选择文字，按Alt键+左方向键，可以减小字符间距；按Alt键+右方向键，可以增加字符间距。

8.2 段落、文字排版

对段落、文字的排版设置及对内容边界的安排，都必须依照版式设置的整体风格决定。如大量的留白、宽松的编排可以表现出高级感或者高格调的氛围。

当我们在图像中添加一段或几段文字时，可根据需要设置段落的属性。文字的段落格式包括"对齐方式""缩进方式""避头尾法则设置"和"间距组合设置"等。执行"窗口">"段落"命令，即可打开如图8-9所示的段落面板。

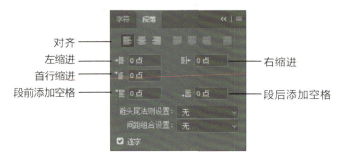

图8-9 段落面板

段落面板中主要选项的作用如下：

对齐：包括左对齐、居中对齐、右对齐、最后一行左对齐、最后一行居中对齐、最后一行右对齐和全部对齐。

左缩进：横排文字工具可设置左缩进值，直排文字工具设置顶端缩进值。

右缩进：横排文字工具可设置右缩进值，直排文字工具设置底端缩进值。

首行缩进：设置文字首行缩进值。

段前添加空格：用于设置选中段与上一段之间的距离。

段后添加空格：用于设置选中段与下一段之间的距离。

避头尾法则设置：用于设置避免第一行显示标点符号的规则。

间距组合设置：用于设置自动调整字间距的规则。

"连字"复选框：勾选该复选框可以将文字的最后一个外文单词拆开，形成连字符号，使剩余的部分自动换到下一行。

段落文字的创建方法与点文字的创建方法大致一样。不同的是，在创建段落文字前，需要先绘制定界框，以定义段落文字的边界，此时输入的文字位于指定的大小区域内。

8.3 路径文字

在制作一些具有特殊效果的图像时，为了使文字效果与图像效果更加融合，用户常常需要在图像中添加具有一定路径效果的文字，以增强图像的整体美感。在Photoshop中创建路径文字需结合钢笔工具，下面介绍创建路径文字的方法。

Step 1 打开素材，选择"钢笔工具"，沿着汽车的轮廓绘制一条路径，如图8-10所示。

Step 2 选择"文字工具"，移动到路径的边缘，鼠标指针变成路径文字，在路径上单击并输入文本"The art of life for your particular"，如图8-11所示。

图8-10 绘制路径

图8-11 输入文本

Step 3 双击文字图层，选择文字并修改文字大小和文字间距，调整至我们需要的效果。

> 提示：在完成路径文字的创建后，用户还可对其进行移动，使其更加适应图像。选择直接选择工具，或路径选择工具，将鼠标指针定位于路径文字上，单击路径开始处并沿路径拖动文字，即可移动文字。

8.4 宣传单制作案例

本节将对宣传单的制作进行详细讲解,帮助读者快速掌握宣传单中文字和图形的排版,效果如图8-12所示。

图8-12 宣传单效果

Step 1 执行"文件">"新建"命令,弹出"新建文档"对话框,选择"打印"面板下的A4文档,颜色模式选择"CMYK颜色",分辨率设为"300",如图8-13所示。

Step 2 打开底纹素材,将素材拖曳到文档中,调整至合适的位置,如图8-14所示。

图8-13 新建文档　　　　　图8-14 打开底纹素材

Step 3　打开"边框"素材，将其拖曳到文档的顶部，移动到合适的位置，如图8-15所示。

Step 4　选择边框层，按Alt键复制边框层，将其移动到底部，按Ctrl+T组合键对边框进行自由变换，右击并在弹出的菜单中选择"垂直翻转"，如图8-16所示。

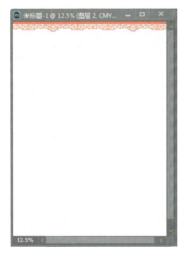

图8-15 打开边框素材　　　　　图8-16 复制边框层

Step 5　翻转好后按回车键确定。

Step 6　选择"矩形工具"，属性选择"形状"，颜色选择"红色"，在文档上面绘制一个矩形,如图8-17所示。

Step 7　选择矩形层,执行"编辑">"变换">"透视"命令,调整下面的点,向中间移动,变换形状,如图8-18所示。

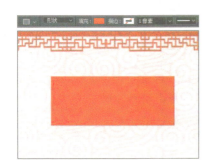 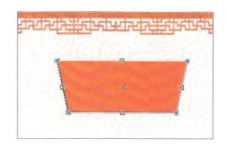

图8-17　绘制矩形　　　　　　　　　图8-18　变换形状

Step 8　调整好后按回车键确定。

Step 9　选择"矩形工具",再绘制一个矩形,调整一下矩形的透视效果,将图层的不透明度调整为"20",如图8-19所示。

Step 10　选择"文字工具",在文档上输入文本"年夜饭",文字颜色设为"白色",字号大小设为"40",如图8-20所示。

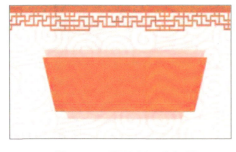 

图8-19　再绘制一个矩形　　　　　　图8-20　输入文本"年夜饭"

Step 11　选择"矩形工具",在文档中绘制一个红色的矩形,将矩形居中,如图8-21所示。

Step 12　选择"文字工具",输入文本"主食系列",字体设为"微软雅黑",字号大小设为"22",颜色设为"淡黄色",如图8-22所示。

图8-21 绘制红色矩形　　　　　　　图8-22 输入文本"主食系列"

Step 13　选择"文字工具",字体设为"微软雅黑",字号大小设为"14",颜色设为"深褐色",在文档中输入菜品名及价格,如图8-23所示。

Step 14　按Shift键并选择红色矩形和主食系列两个图层,按Alt键复制图层并移动到下面,将文字"主食系列"修改为"甜蜜诱惑",如图8-24所示。

图8-23 输入菜品名及价格　　　　　图8-24 输入文本"甜蜜诱惑"

Step 15　选择"文字工具",字体设为"微软雅黑",字号大小设为"14",颜色设为"深褐色",在文档中输入菜品名及价格,如图8-25所示。

Step 16　按Shift键选择红色矩形和甜蜜诱惑两个图层,按Alt键复制图层并移动到下面,将文字"甜蜜诱惑"修改为"精选牛排",如图8-26所示。

图8-25 输入菜品名及价格　　　　　图8-26 复制图层

Step 17 选择"椭圆工具",按Shift键在文档中绘制圆形,按Alt键再复制两个圆形图层,如图8-27所示。

Step 18 打开牛排素材,将素材拖曳到第一个正圆上,执行"图层">"创建剪贴蒙版"命令,这样就显示了圆形里的素材,如图8-28所示。

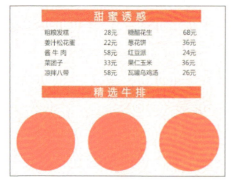

图8-27 绘制圆形　　　　　图8-28 创建剪贴蒙版

Step 19 用同样的方法,打开猪扒素材和鱼排素材,然后拖曳到圆形图层上,创建剪贴蒙版,效果如图8-29所示。

Step 20 打开预定素材,拖曳到文档中,然后移动到左下角,调整至合适的大小,如图8-30所示。

图8-29 创建剪贴蒙版　　　　　　　　　图8-30 拖曳预定素材到文档中

Step 21 打开电话素材,拖曳到文档中,然后移动到合适的位置,如图8-31所示。

Step 22 选择"文字工具",在文档中输入电话、地址、网址等内容,调整至合适的大小,排版好文字,如图8-32所示。

图8-31 拖曳电话素材到文档中　　　　　图8-32 输入电话、地址、网址等内容

Step 23 下面我们再加入一些辅助的文字和素材作为衬托,选择"直排文字工具",颜色设为"红色",在右侧输入文本"菜单",再选择颜色为"黄色",输入文本"MENU",如图8-33所示。

Step 24 选择"直排文字工具",在左侧输入文本"民以食为天"和英文文本,将顶部对齐,效果如图8-34所示。

图8-33 输入文本"菜单MENU"　　　　　图8-34 输入文本"民以食为天"

Step 25 打开烟花素材，拖曳到文档中，然后移动到左边，再复制两个烟花，放置在右侧，调整一下大小，最终效果如图8-35所示。

图8-35 最终完成效果

至此，我们就完成了宣传单的制作。

第9章
矢量路径

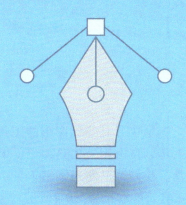

路径是Photoshop的常用功能之一,路径主要用来建立一个封闭的区域,然后根据需要使用颜色填充功能或描边功能对其进行填充,路径还可作为矢量蒙版控制图层的显示区域,也就相当于图层蒙版。

9.1 钢笔路径

钢笔工具是绘制图形的工具,也是常用的路径绘制工具。钢笔工具箱包括钢笔工具、自由钢笔工具、弯度钢笔工具、添加锚点工具、删除锚点工具和转换点工具。我们可以使用钢笔工具绘制直线、曲线、不规则图形等,下面具体介绍钢笔工具属性栏,如图9-1所示。

图9-1 钢笔工具属性栏

钢笔工具属性栏的主要选项作用如下。

选择工具模式:用于选择钢笔工具的模式,包括"路径""形状"和"像素",默认为"路径"。

"选区"按钮:单击该按钮,可将路径转换为"选区"形式。

"蒙版"按钮:单击该按钮,可将路径转换为"蒙版"形式。

"形状"按钮:单击该按钮,可将路径转换为"形状"形式。

"路径操作"按钮:单击该按钮,在弹出的下拉列表中可对路径进行相应的设置,包括"合并形状""减去顶层形状""与形状区域相交""排除重叠形状"和"合并形状组件"等。

"路径对齐方式"按钮:单击该按钮,可用于控制绘制路径之间的对齐方式,通常在绘制多个路径时使用。

"路径排列方式"按钮:单击该按钮,可用于控制绘制路径的排列图层。

工具选项:单击该按钮,在弹出的选项栏中勾选"橡皮带"复选框,可以在移动鼠标指针时预览两次单击之间的路径线段。

自动添加/删除:勾选"自动添加/删除"复选框,将鼠标指针移动到路径上,鼠标指针变为添加锚点工具状态。将鼠标指针移动到锚点上,鼠标指针变为删除锚点工具状态。

下面我们来学习钢笔工具的使用方法。

1. 钢笔绘制路径

新建文档,选择钢笔工具,在文档中绘制路径,如图9-2所示。

图9-2 绘制路径

2. 添加锚点与删除锚点

绘制完路径后,如果对路径形状不满意,可以为路径添加锚点,即通过"锚点工具"调整路径的形状。如锚点过多,可删除多余的锚点。

选择添加锚点工具,可以在路径上添加锚点,添加的锚点有手柄,可以控制锚点的方向,如图9-3所示。

选择删除锚点工具,比如可以将转折的锚点删除,如图9-4所示。

图9-3 添加锚点　　　　　　　图9-4 删除锚点

3. 转换点工具

在绘制路径时,会因为路径的锚点类型不同而影响路径的形状。转换点工具主要用于转换锚点的类型,从而调整路径的形状。用户只需选择"转换点工具",并在角点上单击,角点转换为平滑点,拖动鼠标指针,调整路径形状。

选择转换点工具,在转折的锚点上拖曳,产生一个手柄,用它控制曲线的弯曲度,如图9-5所示。

图9-5 控制曲线的弯曲度

从路径形状上将锚点分为直线锚点和曲线锚点，直线锚点没有方向，曲线锚点有两个方向控制曲线的弯度。路径的一个优势在于可以很方便地创建平滑曲线，而创建的曲线路径是在需要的地方按下鼠标左键并拖曳才能完成的，拖曳程度将会影响曲线的弯曲度。

下面介绍使用钢笔工具绘制路径的方法和技巧，然后对产品进行抠图。

Step 1 打开鞋子素材，如图9-6所示。

Step 2 选择"钢笔工具"，在属性栏选择"路径"，在文档中绘制鞋子的路径，如图9-7所示。

图9-6 打开鞋子素材

图9-7 绘制路径

> 提示：单击锚点创建的是尖锐的角度，如果单击锚点再拖曳锚点，这个点的角度是曲线平滑的。

Step 3 用钢笔工具沿着鞋子的轮廓绘制封闭的形状，如图9-8所示。

Step 4 绘制好路径，部分锚点的位置有偏差，选择"直接选择工具"单击要调整的锚点，选中锚点后对其位置进行调整，如图9-9所示。

图9-8 封闭的形状

图9-9 调整锚点位置

第9章 矢量路径

Step 5 调整好之后,在钢笔工具的属性栏中单击"选区"按钮,在文档中将显示鞋子的选区。

Step 6 执行"选择">"选择并遮住"命令,进入选择并遮住面板,在输出设置面板中将"输出到"选择为"新建带有图层蒙版的图层",如图9-10所示。

图9-10 选择并遮住

Step 7 单击"确定"按钮,完成鞋子的抠图,图层面板上将有一个新的带有蒙版的图层,如图9-11所示。

图9-11 完成鞋子的抠图

153

Step 8 选择"移动"工具,将鞋子移动到文档的中间,新建图层,填充白色,将图层移动到鞋子图层下面,最终效果如图9-12所示。

图9-12 最终效果

至此,我们就完成了使用钢笔工具对鞋子进行抠图。

9.2 矢量形状

下面我们学习矢量形状的绘制方法。

1. 矩形工具

Step 1 新建文档,选择矩形工具,在其属性栏设置填充,在文档上单击,弹出创建矩形对话框,可以设置矩形的宽度和高度,如图9-13所示。

Step 2 单击"确定"按钮,可以创建一个正方形,如图9-14所示。

图9-13 设置矩形的宽度和高度

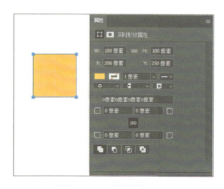

图9-14 创建矩形

Step 3　在属性面板中，将矩形修改为圆角矩形，如图9-15所示。

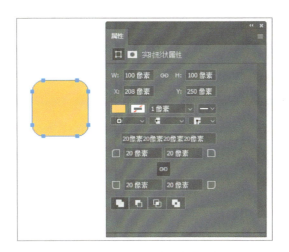

图9-15　修改为圆角矩形

2．椭圆形/多边形/线段工具

Step 1　新建文档，选择椭圆形工具，在属性栏设置渐变，按Shift键绘制正圆形，如图9-16所示。

Step 2　在属性面板中设置描边选项，勾选"虚线"，可以自定义虚线和间隙，如图9-17所示。

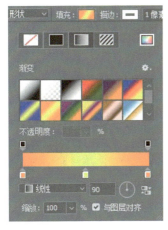 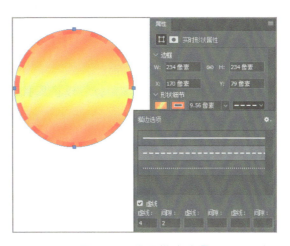

图9-16　设置渐变　　　　　　　图9-17　设置描边选项

> 提示：
>
> ⬢ 多边形工具的使用方法与圆形的描边和填充使用方法一致。
>
> ╱ 直线工具的"填充"选项不可用，在直线工具属性栏中可以调整直线粗细，如图9-18所示。
>
>
>
> 图9-18 直线工具属性栏

3. 自定义形状工具

Step 1 新建文件，选择 ✦ "自定义形状"工具，在属性栏找到形状选项，弹出默认形状，如图9-19所示。

Step 2 选择 ✿ 设置按钮，选择"全部"选项，可以导入全部的形状按钮，如图9-20所示。

图9-19 默认形状　　　　　图9-20 选择"导入"选项

Step 3 选择"追加形状"，可以将形状载入当前窗口。

4. 路径面板

路径面板主要用于存储、管理与调用路径，该面板显示了路径的相关名称、类型、缩略图等。新建文件，选择"圆角矩形工具"，在属性栏选择"路径"，在文档中绘制一个圆角矩形，在路径面板中将显示一个工作路径，如图9-21所示。

不管是钢笔工具还是形状工具，只要在属性栏选择"路径"，绘制好后在路径面板就可以查看绘制的路径了。下面来认识一下路径面板，如图9-22所示。

第9章 矢量路径

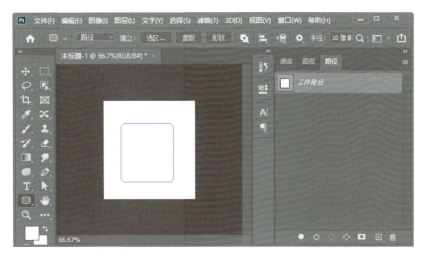

图9-21 绘制圆角矩形

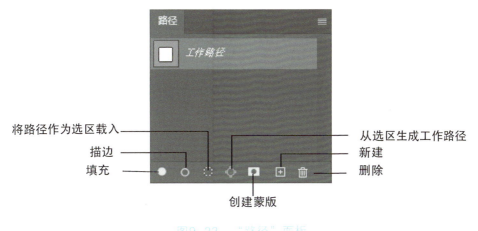

图9-22 "路径"面板

"路径"面板中的主要按钮介绍如下。

填充：单击该按钮，使用前景色对绘制的路径填充颜色。

描边：单击该按钮，使用当前已设置好的画笔样式对路径进行描边。

将路径作为选区载入：单击该按钮，可将当前路径转换为选区。

从选区生成工作路径：单击该按钮，将选区转换为工作路径保存。

创建蒙版：单击该按钮，为当前选区的图层创建蒙版。

新建：单击该按钮，可新建一个路径图层，而且后面所绘制的图层都在该路

径图层中。

删除:单击该按钮,可将当前选中的路径删除。

9.3 路径运算

本节我们将学习在路径与路径之间如何运算以得到一个新的路径。

Step 1 选择矩形工具,调整矩形工具属性栏,设置颜色为红色,设置描边为蓝色,设置描边粗细为20像素,在文档中绘制一个矩形,如图9-23所示。

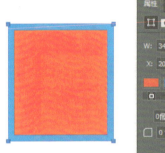

图9-23 绘制矩形

Step 2 选择椭圆工具,按Shift键在文档中绘制一个正圆形,如图9-24所示。

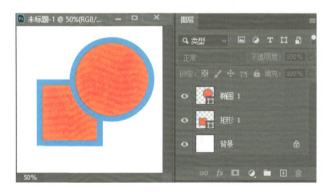

图9-24 绘制正圆形

Step 3 选择椭圆和矩形两个图层,按Ctrl+E组合键将两个图层合并成一个图层,并且在轮廓边缘描边,如图9-25所示。

第9章 矢量路径

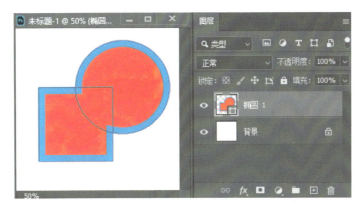

图9-25 合并图层

Step 4 选择"路径选择工具",在文档中选择圆形路径,打开路径操作面板,选择"减去顶层形状",这样就在矩形中减去了圆形的形状,如图9-26所示。

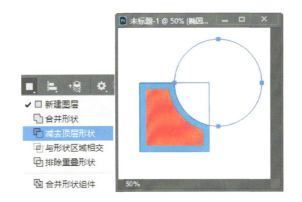

图9-26 减去顶层形状

Step 5 在路径操作面板中选择"与形状区域相交",在文档中显示的效果如图9-27所示。

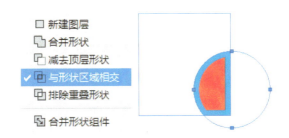

图9-27 与形状区域相交

159

Step 6　在路径操作面板中选择"排除重叠形状",在文档中显示的效果如图9-28所示。

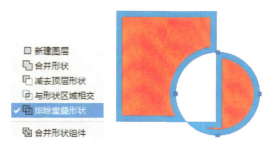

图9-28　排除重叠形状

Step 7　在路径操作面板中选择"减去顶层形状",再选择最下面的"合并形状组件",合并组件后圆形的路径将不再显示,效果如图9-29所示。

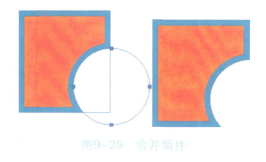

图9-29　合并组件

9.4　案例:制作尺码信息表

前文已经介绍了矩形工具的使用方法,下面我们通过矩形工具和直线工具来制作尺码信息表。尺码信息表一般应用在淘宝详情页、产品规格说明等地方,效果如图9-30所示。

Step 1　新建文件,宽度设为790像素,高度设为440像素,分辨率设为72像素/英寸,如图9-31所示。

Step 2　单击"创建"按钮,完成文档创建。

Step 3　选择"矩形工具",在属性栏选择"形状",关闭填充颜色,描边颜色设为灰色,描边设为1像素,在文档中绘制矩形,如图9-32所示。

图9-30　尺码信息表

图9-31　新建文件

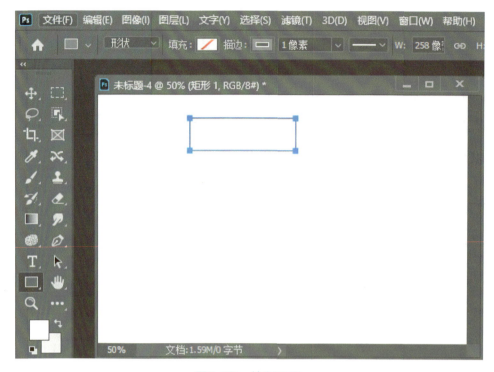

图9-32 绘制矩形

Step 4 选择"文字工具",文字颜色设为"黑色",字号大小设为"30",在文档中输入文本"尺码信息",如图9-33所示。

Step 5 选择"文字工具",文字颜色设为"黑色",字号大小设为"20",在文档中输入文本,如图9-34所示。

图9-33 输入文本1

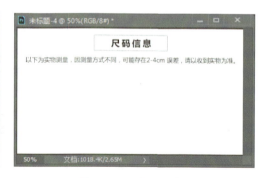

图9-34 输入文本2

Step 6 选择"矩形工具",在文档中绘制矩形,弹出"创建矩形"对话框，宽度设为730像素，高度设为306像素，如图9-35所示。

Step 7　选择"直线工具"，颜色设为灰色，粗细设为1像素，按Shift键，在矩形内绘制一条直线，如图9-36所示。

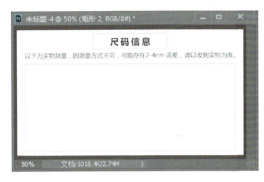

图9-35　绘制矩形

图9-36　绘制直线

Step 8　选择"直线图层"，按Alt键，向下移动并复制直线，再复制5条直线，共6条直线，如图9-37所示。

Step 9　这些直线间距不等，按Shift键选中这6条直线，再选择"垂直居中分布"，如图9-38所示。

图9-37　复制直线

图9-38　分布直线间距

Step 10　选择"直线工具"，颜色设为"灰色"，粗细设为1像素，按Shift键，在矩形内绘制一条垂直直线。

Step 11　选择"垂直直线"，按Alt键，向右移动并复制4条直线，共5条直线，如图9-39所示。

Step 12　选择"矩形工具"，颜色设为"黑色"，绘制一个矩形，将矩形图层移动到水平线图层下面，这样水平线和垂直线显示在黑色矩形上，如图9-40所示。

图9-39 复制直线

图9-40 绘制黑色矩形

Step 13 选择"文字工具"，颜色设为"白色"，字号大小设为"23"，在表头里输入文本，如图9-41所示。

Step 14 选择"文字工具"，颜色设为"黑色"，字号大小设为"23"，在表格里输入文本，如图9-42所示。

至此，我们就完成了表格的制作。

图9-41 在表头里输入文本

图9-42 在表格里输入文本

9.5 图标绘制

下面我们学习图标的绘制，在绘制图标之前先了解一下图标在各种设备上的尺寸，如图9-43所示。

第9章 矢量路径

图9-43 图标尺寸

下面我们来制作图标。

Step 1 新建文档，执行"移动设备">"iphone X"命令，如图9-44所示。

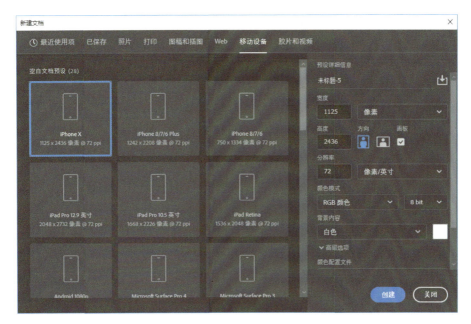

图9-44 新建文档

Step 2　选择圆角矩形工具，在属性栏中设置为"橙色"，在文档中单击，弹出"创建圆角矩形"面板，如图9-45所示。

Step 3　单击"确定"按钮，完成圆角矩形的创建，效果如图9-46所示。

图9-45　"创建圆角矩形"面板

图9-46　圆角矩形效果

Step 4　选择圆角矩形工具，宽度设为620像素，高度设为380像素，填充颜色设为深红色，描边颜色设为白色，描边粗细设为30像素，圆角设为60像素，绘制公文包的上面部分，如图9-47所示。

图9-47　绘制公文包的上面部分

Step 5　选择圆角矩形图层，复制一层，将图层移动到下一层，按Ctrl+T组合键缩放大小，如图9-48所示。

Step 6　选择矩形工具，再绘制一个矩形，移动到中间位置，如图9-49所示。

Step 7　选择椭圆形工具，绘制一个椭圆形，将图层向下移动，让圆角矩形遮挡住一部分，按Shift键选择绘制公文包的几个图层，按Ctrl+G组合键，对选择的图层进行编组，如图9-50所示。

图9-48　圆角矩形图层

图9-49　绘制矩形

图9-50　对图层进行编组

Step 8　选择钢笔工具，属性选择"形状"，颜色设为深红色，绘制公文包投影的形状，如图9-51所示。

Step 9　将投影图层向下移动，移动到最下面的圆角矩形层的上一层，执行"图层" > "创建剪贴蒙版"命令，这样投影就在圆角矩形中显示了，最终效果如图9-52所示。

图9-51 公文包投影的形状

图9-52 最终效果

至此,我们就完成了图标的绘制。

第10章
滤镜

在Photoshop中,滤镜主要用来实现图像的各种特殊效果,它不但能将图像制作出油画的效果,还能为图像添加扭曲、马赛克和浮雕等效果。

10.1 认识滤镜库

滤镜库是包括了"风格化""画笔描边""扭曲""素描"等多个滤镜组的对话框，它可以同时将多个滤镜应用于同一图像。执行"滤镜">"滤镜库"命令，可以打开"滤镜库"对话框，在对话框左侧的预览框中可预览该滤镜效果，对话框中间为可选择的滤镜组，对话框右侧显示与当前滤镜相应的参数设置选项，如图10-1所示。

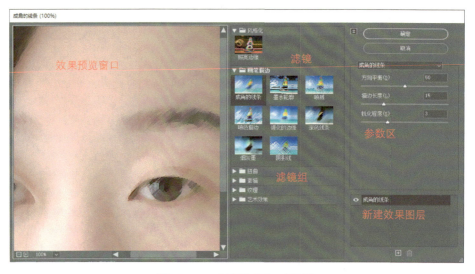

图10-1 "滤镜库"对话框

"滤镜库"对话框中的主要选项介绍如下。

效果预览窗口：用于预览滤镜效果。

缩放预览窗口：缩小预览窗口显示比例。

显示/隐藏滤镜缩略图：隐藏滤镜缩略图，或扩大预览窗口的显示面积。

滤镜列表：用于显示当前选择的滤镜名称，也可在该下拉列表中选择滤镜。

参数设置面板：用于设置当前滤镜的参数。

当前使用的滤镜：显示正在使用的滤镜。

滤镜组：用于存放一个分类的多个滤镜，单击该按钮，可展开滤镜组。

新建效果图层：新建一个效果图层。

删除效果图层：删除选中的效果图层。

当前选择的滤镜：单击一个效果图层，可选择该滤镜。

隐藏滤镜：单击效果图层前的眼睛图标，可隐藏滤镜效果。

下面我们来学习使用滤镜库制作水墨效果。

Step 1　打开素材，如图10-2所示。

图10-2　打开素材

Step 2　按Ctrl+J组合键复制背景图层，执行"图像">"调整">"色相/饱和度"命令，提高饱和度，如图10-3所示。

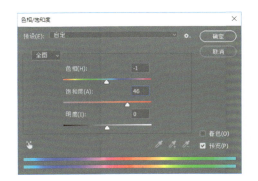

图10-3　调整色相/饱和度

Step 3　单击"确定"按钮，按Ctrl+J组合键再复制一个图层。执行"图像">"调整">"去色"命令，将图片调整为灰色，如图10-4所示。

Step 4　执行"滤镜">"滤镜库">"艺术效果">"干画笔"命令，调整干画笔参数，如图10-5所示。

Step 5　单击"确定"按钮，在图层上添加图层蒙版，选择"画笔工具"，颜色设为黑色，在蒙版上绘制，显示部分绿色，如图10-6所示。

图10-4　去色

图10-5 调整干画笔参数

图10-6 添加图层蒙版

Step 6 选择"文字工具",输入直排文字,如图10-7所示。

Step 7 打开"江南文字素材",将其拖曳到文档中,然后移动到合适位置。

Step 8 打开"印章素材",将其拖曳到文档中,图层模式选择"正片叠底",按Ctrl+T组合键缩放大小,然后移动到文字的右上角,最终效果如图10-8所示。

图10-7 输入直排文字　　　　　　　　图10-8 最终效果

至此，我们就完成了水墨效果的制作。

10.2　风格化滤镜组

风格化滤镜组包括9种滤镜，利用它们可以置换像素、查找并增加图像的对比度，产生特殊的效果。下面学习使用风格化滤镜组中的风效果制作案例。

Step 1　新建文档，宽度设为900像素，高度设为600像素，如图10-9所示。

图10-9　新建文档

Step 2　选择"文字工具",文字颜色设为白色,在文档中输入文本,如图10-10所示。

Step 3　按Ctrl+E组合键合并图像,执行"图像">"旋转图像">"逆时针旋转"命令,如图10-11所示。

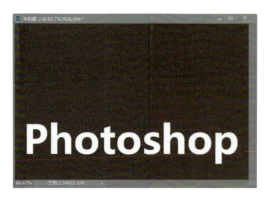

图10-10　输入文本　　　　　　　　图10-11　旋转图像

Step 4　执行"滤镜">"风格化">"风"命令,打开"风"对话框,"方法"选择"风","方向"选择"从右",如图10-12所示。

Step 5　单击"确定"按钮,按Alt+Ctrl+F组合键再次使用风滤镜,按4次组合键,使用4次风滤镜,风效果如图10-13所示。

图10-12　"风"对话框　　　　　　　图10-13　风效果

Step 6　执行"图像">"旋转图像">"顺时针旋转"命令,如图10-14所示。

第10章 滤镜

Step 7 执行"滤镜">"模糊">"高斯模糊"命令,"半径"设置为"3.0"像素,如图10-15所示。

图10-14 旋转图像

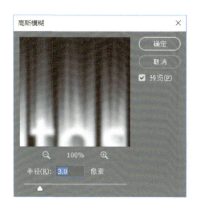

图10-15 高斯模糊

Step 8 执行"滤镜">"液化"命令,调整形状,效果如图10-16所示。

Step 9 执行"滤镜">"扭曲">"波纹"命令,调整波纹形状,如图10-17所示。

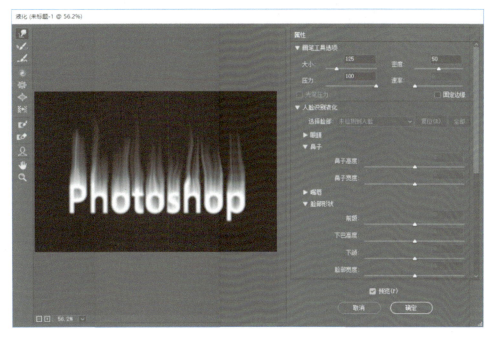

图10-16 液化效果

Step 10 执行"图像">"调整">"色相/饱和度"命令，勾选"着色"复选框，调整颜色，如图10-18所示。

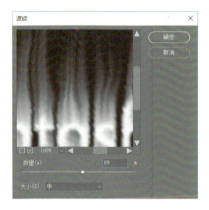

图10-17 调整波纹形状

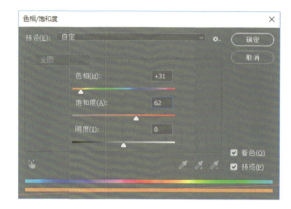

图10-18 调整颜色

Step 11 复制图层，将模式设置为"叠加"，最终效果如图10-19所示。

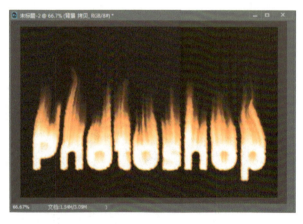

图10-19 最终效果

至此，我们就完成了风效果的制作。

10.3 模糊工具组

模糊工具组包括11种滤镜，它们可以柔化图像，使图像产生模糊效果。常用的模糊滤镜包括高斯模糊滤镜、动感模糊滤镜和径向模糊滤镜。

1. 高斯模糊滤镜

高斯模糊滤镜可以添加低频细节，使图像产生一种朦胧效果。一般在人像处理时可以使用高斯模糊为人像磨皮。下面我们学习高斯模糊滤镜的使用。

Step 1　打开素材，按Ctrl+J组合键复制图层，如图10-20所示。

图10-20　复制图层

Step 2　执行"滤镜">"模糊">"高斯模糊"命令，将"半径"数值调大，如图10-21所示。

Step 3　在图层面板上按Alt键并单击蒙版，创建一个黑色蒙版，如图10-22所示。

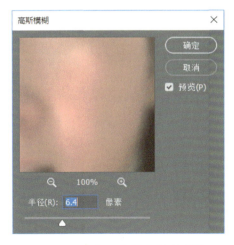

图10-21　将"半径"数值调大

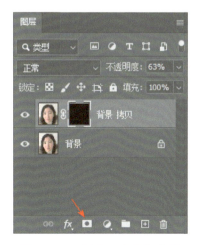

图10-22　创建一个黑色蒙版

Step 4 选择画笔工具,颜色设为白色,在蒙版上绘制,将脸部皮肤进行磨皮,如图10-23所示。

Step 5 将图层的"不透明度"设置为50%,效果如图10-24所示。

图10-23 进行磨皮

图10-24 不透明度调整

至此,我们使用高斯模糊滤镜完成了对皮肤的磨皮,效果对比如图10-25所示。

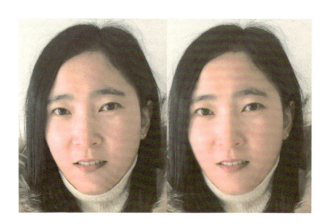
图10-25 效果对比

2. 动感模糊滤镜

动感模糊滤镜可以根据需要沿指定方向产生模糊,用来表现对象的速度感。

Step 1 打开素材,按Ctrl+J组合键复制图层,如图10-26所示。

Step 2 执行"滤镜">"模糊">"动感模糊"命令,调整距离,如图10-27所示。

第10章 滤镜

图10-26 打开素材

图10-27 调整距离

Step 3 单击"确定"按钮，在图层面板上按Alt键并单击蒙版，创建图层蒙版，如图10-28所示。

图10-28 创建图层蒙版

Step 4 选择"画笔工具"，颜色设为白色，在蒙版上绘制，最终效果如图10-29所示。

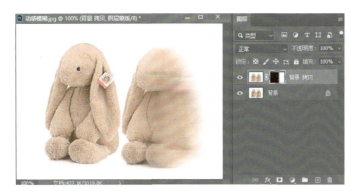
图10-29 最终效果

179

至此，我们就完成了处理运动中物体的效果。

3. 径向模糊滤镜

径向模糊滤镜可以模拟缩放或者旋转相机时所产生的模糊效果。下面学习径向模糊滤镜的使用方法。

Step 1　打开素材，打开"径向模糊"面板，如图10-30所示。

 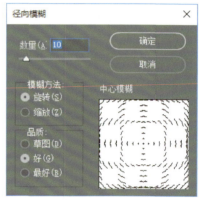

图10-30　打开素材

Step 2　"模糊方法"设为"旋转"，数量调整为"50"，单击"确定"按钮，旋转效果如图10-31所示。

Step 3　"模糊方法"设为"缩放"，数量调整为"30"，单击"确定"按钮，缩放效果如图10-32所示。

图10-31　旋转效果　　　　图10-32　缩放效果

10.4 锐化

锐化滤镜组包括多种滤镜，它们可以通过增强相邻像素间的对比度来聚集模糊的图像，使图像变得清晰。

1．USM锐化

USM锐化会产生黑白杂色的现象，所以一般使用USM锐化时要注意锐化值不要设置得过高。

Step 1　打开素材，如图10-33所示。

Step 2　执行"滤镜" > "锐化" > "USM锐化"命令，设置图像的锐化，提高图像的清晰度，如图10-34所示。

图10-33　打开素材

图10-34　USM锐化

Step 3　单击"确定"按钮，锐化后的效果如图10-35所示。

图10-35　锐化效果

2．高反差保留

高反差保留可以在有强烈颜色转变的地方按指定的半径保留边缘细节，并且不显示图像的其余部分。下面学习高反差保留的使用方法。

Step 1　打开素材，如图10-36所示。

Step 2　按Ctrl+J组合键复制背景图层，执行"滤镜">"其他">"高反差保留"命令，调整半径大小，如图10-37所示。

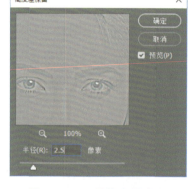

图10-36　打开素材　　　　　　图10-37　调整半径大小

Step 3　单击"确定"按钮，将图层模式修改为"柔光"，如图10-38所示。

图10-38　修改图层模式

至此，我们完成了使用高反差保留达到锐化的效果，提高了照片的清晰度。

10.5 马赛克工具

马赛克工具包括多种滤镜，它们可以通过使单元格中颜色值相近的像素组成块来定义一个选区，用于创建点状、晶格和马赛克等特色效果。马赛克滤镜可以使像素组成方块，再设置方块中像素的平均颜色，创建马赛克效果。下面学习马赛克滤镜的使用方法。

Step 1　打开素材，如图10-39所示。

Step 2　选择"矩形选框工具"，在头部绘制一个矩形选区，如图10-40所示。

图10-39　打开素材

图10-40　绘制矩形选区

Step 3　执行"滤镜">"像素化">"马赛克"命令，如图10-41所示。

图10-41　执行马赛克命令

Step 4　调整单元格大小，用来控制马赛克显示大小。调整好之后单击"确定"按钮，取消选区，保存文件。

10.6　镜头光晕滤镜

镜头光晕滤镜可以模拟亮光照射到相机镜头所产生的折射效果，常用来表现金属、玻璃等反射光效果，或者用来增强日光和灯光效果。

Step 1　打开素材，如图10-42所示。

Step 2　新建图层，填充黑色，执行"滤镜">"渲染">"镜头光晕"命令，打开"镜头光晕"对话框，镜头类型有4种，如图10-43所示。

 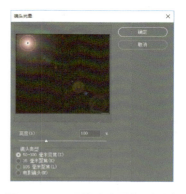

图10-42　打开素材　　　　　　　图10-43　"镜头光晕"对话框

Step 3　可以在"镜头光晕"对话框中调整光晕的指定位置，单击"确定"按钮，将图层模式设置为"滤色"，最终效果如图10-44所示。

图10-44　最终效果

> 提示：新建一个黑色图层方便我们单独移动图层的位置，并改变光晕的位置。

10.7　杂色滤镜组

杂色滤镜组包括多种滤镜，利用它们可以添加或者去除照片中的杂色。

1. 减少杂色

使用数码相机拍照时，如果用很高的ISO设置，曝光不足或者用较慢的快门在黑暗中拍照，可能会出现杂色。"减少杂色"滤镜对于处理此类照片非常有效。下面我们学习减少杂色滤镜的使用。

Step 1　打开素材，如图10-45所示。

Step 2　执行"滤镜">"杂色">"减少杂色"命令，打开"减少杂色"对话框，如图10-46所示。

图10-45　打开素材

图10-46　"减少杂色"对话框

Step 3　在"减少杂色"对话框中，"强度"用来控制所有图像通道的亮度杂色减少量，"减少杂色"用来消除随机的颜色像素，我们可以调整参数去除照片中的杂色。

2. 添加杂色

添加杂色滤镜可以将随机的像素应用于图像，模拟在高速胶片上的拍照效果。下面学习添加杂色滤镜的使用方法。

Step 1　打开素材，如图10-47所示。

Step 2　按Ctrl+J组合键复制图层，执行"滤镜">"杂色">"添加杂色"命令，弹出"添加杂色"对话框，如图10-48所示。

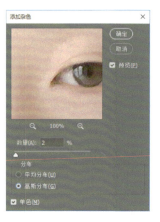

图10-47　打开素材　　　　　　图10-48　"添加杂色"对话框

Step 3　选择"高斯分布"，勾选"单色"复选框，调整杂色数量，单击"确定"按钮，最终效果如图10-49所示。

图10-49　最终效果

第11章
动作效果

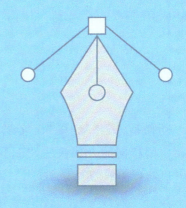

本章将向大家介绍动作效果的内容,我们可以使用动作效果功能进行添加水印和调色。

11.1 认识动作

动作是将不同的操作、命令及命令参数记录下来，以一个可执行文件的形式存在，用相同的方式快速处理不同的图像，从而简化复杂或重复的操作，大大提高用户处理图像的效率。

执行"窗口">"动作"命令，可打开"动作"面板，如图11-1所示。

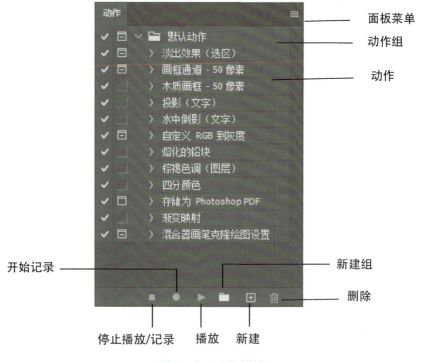

图11-1 动作面板

我们可以进行动作的创建、播放、修改和删除等操作。"动作"面板中的动作按照需要可以放在一个统一的组中，称为动作组，下面我们来学习录制动作。

Step 1 打开素材"风景01"文件，如图11-2所示。

第11章　动作效果

图11-2　打开素材

Step 2　执行"窗口">"动作"命令，打开动作面板，从"动作"窗口中载入"画框"动作，如图11-3所示。

图11-3　载入"画框"动作

Step 3　从"画框"组中选择"拉丝铝画框"，如图11-4所示。

Step 4　单击"播放"按钮，弹出信息面板，提示图像的高度和宽度均不能小于100像素，如图11-5所示。

图11-4　选择动作　　　　　图11-5　信息面板

Step 5　单击"继续"按钮，执行画框动作，效果如图11-6所示。

图11-6　应用动作

至此，就完成了画框动作的效果制作。动作适合批量处理的文件，如给大量的图片添加水印，或者对同一场景拍摄的照片创建动作，让所有的照片执行动作。

11.2　创建添加水印动作

本节我们学习如何添加水印，以及批量处理文件。

Step 1　打开"植物素材01"文件，如图11-7所示。

Step 2 执行"窗口">"动作"命令,打开动作面板,单击"新建"按钮,弹出"新建动作"对话框,将名称设置为"添加水印动作",如图11-8所示。

图11-7 打开素材　　　　　　　　　图11-8 新建动作

Step 3 单击"记录"按钮,开始记录动作。

Step 4 选择"文字工具",在文档中输入"LOGO水印",颜色设为白色,字号大小设为"100",如图11-9所示。

图11-9 输入文本

Step 5 在图层面板单击fx效果里的"投影",弹出"图层样式"面板,调整不透明度参数为49%,距离设为9像素,大小设为5像素,给文字添加投影,如图11-10所示。

Photoshop CC从入门到精通

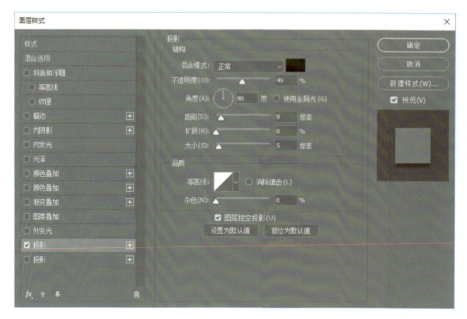

图11-10　添加投影效果

Step 6　单击"确定"按钮，完成投影效果的制作，将图层面板的"填充"调整为"0%"，这样文字就透明了，显示的只是投影效果，如图11-11所示。

Step 7　选择文字图层，执行"编辑">"自由变换"命令，调整文字旋转角度并移动位置，效果如图11-12所示。

图11-11　调整不透明度

第11章 动作效果

图11-12 自由变换

Step 8 选择文字图层,按住Alt键复制图层,将图层移动到合适的位置,再复制3个图层,如图11-13所示。

图11-13 复制图层

Step 9 执行"文件">"存储为"命令,将文件保存到另外一个文件夹中,或者新建一个文件夹，名称改为"添加水印"，选择文件格式为JPEG格式，如图11-14所示。

图11-14 存储文件

Step 10 单击"保存"按钮，完成水印的添加，单击"关闭"按钮，关闭当前文件。

Step 11 单击"停止播放/记录"按钮，完成动作的制作，如图11-15所示。

Step 12 打开"植物素材02"，单击"播放"按钮，即可为素材添加动作，效果如图11-16所示。

第11章 动作效果

图11-15 停止播放动作

图11-16 添加动作

本节我们学习了添加水印动作,这个功能适用于批量处理文件。

11.3 调色动作

本节我们学习调色动作功能的使用。

Step 1　打开动作面板,在面板菜单中选择"载入动作",如图11-17所示。

图11-17 载入动作

195

Step 2　弹出载入窗口，选择素材文件中的"调色动作"，如图11-18所示。

Step 3　单击"载入"按钮，即可将调色动作素材文件载入动作面板，如图11-19所示。

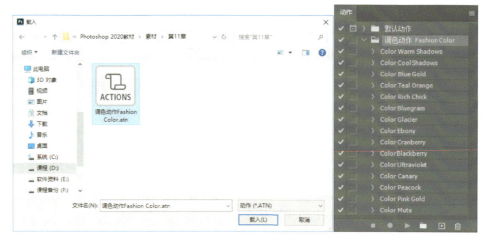

图11-18　选择动作　　　　　　图11-19　选择动作

Step 4　打开"人像素材"，如图11-20所示。

Step 5　选择动作面板上的"Color Warm Shadows"，单击"播放"按钮，如图11-21所示。

图11-20　打开人像素材　　　　图11-21　播放动作

Step 6　播放动作后，图层面板上多了一个调色层，我们看到图片已经调整为

第12章　GIF动画制作

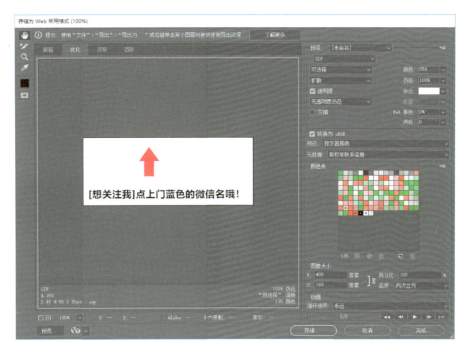

图12-12　存储动画

12.2　制作公众号关注动画

下面我们来学习制作公众号关注动画。在制作之前要先了解公众号的名称、公众号的宣传文案，以及对公众号人群进行分析。我们以"苏漫网校"公众号进行分析，该公众号以设计师教程为主，一般图像可以选择人群或者计算机，在这里我们选择以计算机为主，在计算机上加入播放按钮，该文案为"设计师训练营"，我们设定了一个学习时间——"每天晚上21点准时充电"，时间为2秒，开始处、第1秒和第2秒展示效果如图12-13所示。

图12-13　动画效果

下面我们来学习这个动画的制作。

Step 1　新建文档，宽度设为950像素，高度设为360像素。

Step 2　设置前景色颜色RGB为69、153、154，按Alt+Del组合键填充前景色到文档，如图12-14所示。

Step 3　选择"矩形工具"，颜色设为白色，在文档底部绘制一个长方形，如图12-15所示。

图12-14　新建文档

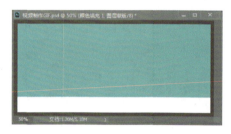
图12-15　绘制矩形

Step 4　选择文字工具，在文档中输入文字"设计师训练营"，颜色设为白色，字号大小设为65。

Step 5　选择文字工具，输入文字"每天21点 准时充电"，颜色设为白色，字号大小设为45。

Step 6　选择文字工具，输入文字"点上面蓝字可以关注微信公众号"，颜色设为黑色，字号大小设为24，如图12-16所示。

Step 7　绘制便携式计算机的图形，选择"圆角矩形"工具，填充颜色设为"灰色"，RGB数值设为100、100、100，圆角设为10像素，描边设为深黑色，描边大小设为9像素，绘制一个计算机屏幕，如图12-17所示。

图12-16　输入文本

图12-17 绘制矩形

Step 8　绘制计算机底座，选择"圆角矩形"工具，颜色设为深灰色，圆角设为2像素，在底座的左边绘制3个圆形，在底座中间绘制一个长矩形。

Step 9　按Shift键选择底座的矩形、3个圆形和长矩形的图层，按Ctrl+E组合键进行图层合并。选择3个圆形和中间的长矩形，在属性栏选择"减去顶部形状"，这样可以将内部的几个图像减掉，如图12-18所示。

图12-18 绘制灰度形状

Step 10　在屏幕内绘制一个深灰色的矩形，选择钢笔工具下的"删除锚点"工具，选择左下角的点进行删除，这样就绘制了一个镜面反射效果的三角形，如图12-19所示。

图12-19 绘制三角形

Step 11 在显示屏中间绘制一个播放按钮,选择"圆角矩形"工具,颜色设为橙色,绘制一个圆角矩形,如图12-20所示。

图12-20 绘制圆角矩形

Step 12 选择"多边形"工具,将其属性栏的"边"设置为3,颜色设为黑色,这样就可以绘制出一个三角形,如图12-21所示。

图12-21 绘制三角形

Step 13 执行"窗口">"时间轴"命令,单击"创建视频时间轴"按钮,如图12-22所示。

图12-22 创建视频时间轴

Step 14　时间轴上的每个图层都有一个时间线，时间长度是5秒，如图12-23所示。

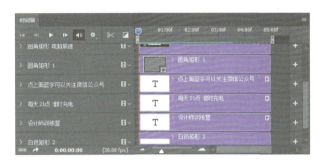

图12-23　时间轴面板

Step 15　选择"每天21点准时充电"图层，单击前面的箭头展开，下面是用于制作动画的属性，每个名称前面有一个"切换动画"按钮 ⟳，用于添加关键帧，如图12-24所示。

图12-24　切换动画

Step 16　在时间开始处单击"不透明度"关键帧，在图层上将"不透明度"设置为0%，如图12-25所示。

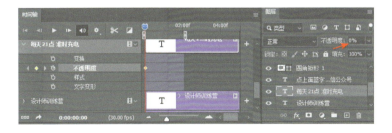

图12-25　不透明设置1

Step 17 将时间线拖曳到1秒,将图层的"不透明度"设置为100%,这样就制作了文字图层的不透明度动画,如图12-26所示。

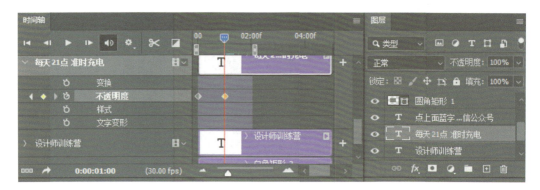

图12-26 不透明度设置2

Step 18 选择"设计师训练营"图层,展开属性,在1秒处单击添加关键帧,将图层"不透明度"设置为0%,如图12-27所示。

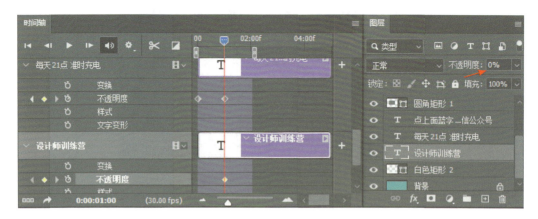

图12-27 添加关键帧1

Step 19 将时间线移动到2秒处,将图层的"不透明度"设置为100%,如图12-28所示。

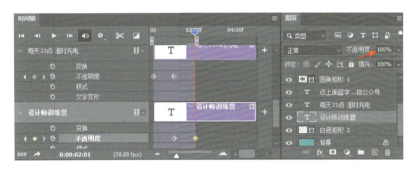

图12-28　添加关键帧2

Step 20　展开"点上面蓝字可以关注微信公众号"图层,展示属性,将时间线移动到开始处,单击"不透明度"关键帧,如图12-29所示。

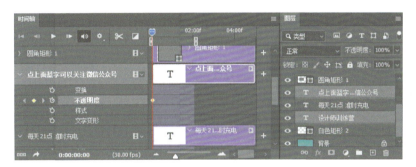

图12-29　添加关键帧3

Step 21　将时间线移动到1秒处,将图层的"不透明度"设置为0%,如图12-30所示。

图12-30　设置不透明度1

Step 22　将时间线移动到2秒处,将图层的"不透明度"设置为100%,如图12-31所示。

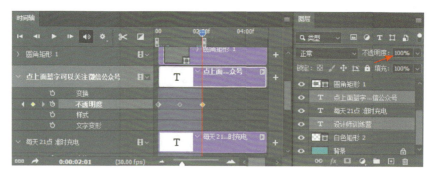

图12-31　设置不透明度2

Step 23　选择"多边形播放按钮"图层,展示属性,在"不透明度"图层单击切换动画,添加关键帧,如图12-32所示。

图12-32　添加关键帧4

Step 24　将时间线移动到1秒处,将图层的"不透明度"设置为0%,如图12-33所示。

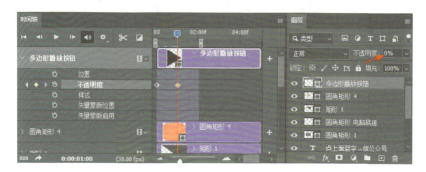

图12-33　不透明度设置3

Step 25　将时间线移动到2秒处，将图层的"不透明度"设置为100%，如图12-34所示。

图12-34　设置不透明度4

Step 26　拖曳工作区结尾到2秒处，这样动画的播放时间为2秒，如图12-35所示。

Step 27　单击播放按钮，可以播放动画。单击"设置"按钮，勾选"循环播放"选项，如图12-36所示。

图12-35　拖曳工作区结尾到2秒处

图12-36 单击"设置"按钮

Step 28 执行"导出">"存储为Web所用格式"命令,存储为GIF动画,这样就完成了动画制作,如图12-37所示。

图12-37 存储动画

在发送微信公众号文章的时候就可以在顶部插入制作好的GIF动画了。

第13章

照片管理和处理

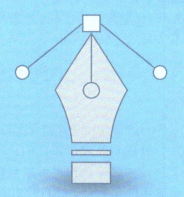

　　对于摄影师和摄影爱好者来说，Bridge工具主要用于浏览、搜索、过滤、批处理照片，查看照片的拍摄信息，为照片添加关键字和版权信息等。Camera Raw是专门用于处理Raw文件的插件，它可以解释相机的原始数据，对白平衡、色彩范围、对比度、颜色饱和度和锐化进行调整。

13.1 Bridge照片管理

Bridge是Adobe公司开发的一款组织工具程序,从Bridge中可以查看、搜索、排序、管理和处理图像文件;可以使用Bridge来创建新文件夹,对文件进行重命名、移动和删除操作;可以编辑元数据,旋转图像,运行批处理命令,以及查看从数码相机导入的文件和数据的信息。

1. Bridge界面布局

打开Bridge软件,选择素材文件夹,进入Bridge界面,该界面主要有内容窗口、预览窗口、元数据和滤镜等,如图13-1所示。

图13-1 Bridge界面

Bridge软件提供的布局有必要项、胶片、元数据、关键字、预览、看片台和文件夹等,如图13-2所示。每切换一个布局就会看到不同功能的工作区会显示不同功能面板的组合。单击 ✓ 按钮会展开更多的布局。

第13章　照片管理和处理

图13-2　Bridge提供的布局

胶片布局方式会将图片的预览放在界面的显著位置，如图13-3所示。

图13-3　胶片布局

文件夹布局主要包括文件夹面板和内容面板，如图13-4所示。

图13-4 文件夹布局

Bridge可以自定义工作区的布局，每个人可以根据自己的浏览习惯去选择工作区中面板的布局方式，但最好在工作界面上选择以下面板。

文件夹面板：可以看到照片及文件夹所在的路径，如图13-5所示。

滤镜面板：可以通过评级、标签、关键字方式进行照片筛选，如图13-6所示。

内容面板：用于浏览界面的缩略图，拖动内容模块右下方的滑块，可以放大或缩小缩略图，便于用户自定义缩览图的尺寸，如图13-7所示。

第13章　照片管理和处理

图13-5　文件夹面板

图13-6　筛选器

图13-7　内容面板

2. Bridge浏览照片的方式

用Bridge浏览照片的好处就是可以方便地全屏浏览，在内容模块选择一种缩略图，按空格键，图像就会全屏显示，查看下一张，只需按下键盘的右方向键，如果按左方向键将会切换到前一张图像，如图13-8所示。

图13-8 按空格键切换全屏

选择一张图片，按空格键全屏显示，想放大看图片的细节，只需要在图片上任意位置单击，图片就会放大到100%显示，再次单击，图片就会恢复全屏显示，如图13-9所示。

第13章　照片管理和处理

图13-9　放大显示

如果我们在内容模块中看到多张照片的缩略图相似，想比较一下，那么按Ctrl键把几张照片都选中，按下Ctrl+B组合键进入遴选模式，如图13-10所示。

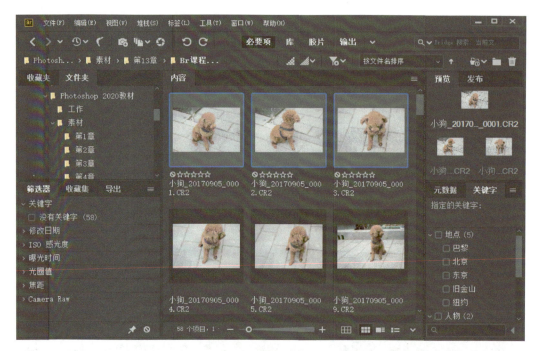

图13-10 遴选模式

如果我们想放大照片查看细节，那么把鼠标指针移动到照片上并单击，鼠标指针所在的位置将会放大到100%显示，如图13-11所示。

第13章 照片管理和处理

图13-11 放大细节

在进入遴选模式的几张照片中，其中有一张的文件名是高亮显示的，表示这张照片目前是被选中的，使用键盘上的左方向键或者右方向键可以切换选中的照片。如果此时不需要这张照片，直接按键盘上的下方向键，这张照片就被剔除了、在剩下的照片中再以同样的方式进行挑选，直到挑选到最满意的一张照片为止。遴选模式非常实用，尤其在组图拍摄的状态下，有助于从众多照片中筛选出最佳照片。

3. 文件夹的命名方式

一般我们拍完一个主题照后，首先要面临的问题就是把相机存储卡里的照片复制到计算机的一个新文件夹中，在数码摄影时代，每一次主题拍摄往往都会产生数以百计的照片，如何合理地命名文件夹，避免重命名且便于查找呢？我们推荐以日期8位数的方式命名，即年、月、日，如2020-01-21，这样可以保证1月21日的照片文件夹不会和12月1日的文件夹产生冲突。

4. 过滤照片

有时候我们会对一个主题拍摄了很多照片，但只有几张是好片子，那么我们需要对照片进行过滤。

在全屏视图中，我们使用键盘上的左、右方向键切换不同的照片，并使用Ctrl+数字组合键对照片进行评级。比如按Ctrl+1组合键可以看到照片被标记了

1颗星，按Ctrl+2组合键被标记了2颗星，以此类推，最多可以标记5颗星，如图13-12所示。

图13-12　照片评级

如果是全屏显示模式，那么可以直接按数字键为照片添加星标。我们直接按下键盘的数字3键，可以看到画面左下角显示照片被标记了3颗星，如图13-13所示。

评级的好处是能够在海量素材里面以最快的速度找到想要的照片，比如只想看3星的照片，在过滤器面板的评级中单击3星，内容面板则只显示3星照片，其他照片就被剔除了，如图13-14所示。

图13-13　全屏显示

图13-14 滤镜评级

除星级外，我们还可以对照片标记不同的颜色标签。Ctrl键与数字6~9 键配合，可以依次为照片标记红色、黄色、绿色、蓝色。我们选择照片后使用Ctrl+6组合键，红色标记会出现在照片下方，如图13-15所示。

图13-15 颜色标签

颜色标签的作用在于对系列照片进行整理和筛选，比如颜色摄影或者接片，要用到很多张素材照片组成一个系列。这时候选择不同颜色的标签来标注，以便后期筛选时与评级的星标照片形成区别。

当你有一组内容相似的照片的情况下，它们往往占据了内容显示区很大的空间，我们可利用Ctrl+G组合键将照片归组为堆栈，使图片管理更加直观和高效，如图13-16所示。

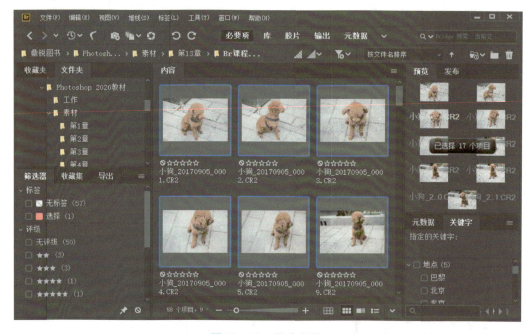

图13-16　照片归组

我们将用于接片的4张素材照片全部选中，按Ctrl+G组合键，将全部的4张照片堆叠在一起，堆栈只显示这组照片的第一张作为封面，并在右上角显示数字4，表示这是4张照片的堆栈。如果想查看堆栈内的照片，那么只需单击数字角标，堆栈即可展开。如果需要解除堆栈，通过执行"堆栈">"取消堆栈组"命令即可，如图13-17所示。

第13章 照片管理和处理

图13-17 堆栈

除了评价和标签,过滤照片的方式还有很多种。如按文件类型进行过滤、按光圈值进行过滤、按焦距过滤,如图13-18所示。

图13-18 照片过滤

225

5．文件的存储

在Bridge中选中要存储的照片，按Ctrl+R组合键进入Camera Raw，在Camera Raw界面右下角，可以看到"存储图像"选项，如图13-19所示。

图13-19　存储图像

单击"存储"按钮，弹出存储选项对话框，可以在对话框中设置文件名称、文件格式、色彩空间和调整图像大小等选项，如图13-20所示。

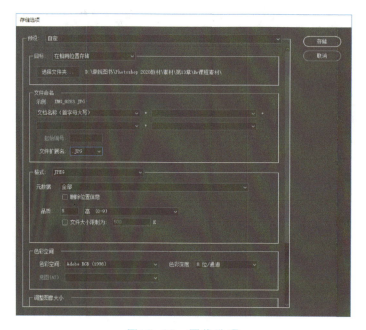

图13-20　图像选项

第13章　照片管理和处理

这里我们可以选择TIFF格式，TIFF格式是无损压缩格式。如果想在计算机或手机中直接预览，那么可以选择JPEG格式。单击"存储"按钮，完成图片的保存。

13.2　Camera Raw处理照片

单反相机可以让用户拍摄Raw格式的无损照，Raw是未经过处理和压缩的格式。用户可以在后期对图像的ISO、快门速度、光圈值、白平衡等进行设置。本节我们将学习Camera Raw处理照片的流程。

1. 认识Camera Raw

在Photoshop中，用户可以使用Camera Raw滤镜对普通图像进行Raw文件的设置。打开Raw格式照片会直接进入Camera Raw对话框，如图13-21所示。

图13-21　Camera Raw对话框

Camera Raw的主要工具介绍如下。

缩放：单击该按钮，弹出预览框，可以放大显示图像比例，按Alt键的同时单击图像可缩小图像比例。

抓手：单击该按钮，放大显示图像比例后，拖动鼠标可以移动图像。

白平衡：单击该按钮，在白色或灰色图像上单击，可校正图像的白平衡。双击该按钮，可将图像的白平衡恢复为原始状态。

颜色取样器：单击该按钮，在图像上单击，可在对话框顶层显示取样像素的颜色值，便于用户观察颜色变化。

目标调整：单击该按钮，在弹出的下拉列表中选择一种选项，如"参考曲线""色相""饱和度""明亮度"等，然后在图像中拖动鼠标即可进行调整。

裁剪：可以对图像进行裁剪。

拉直：可以在图片上拉出一条直线。

变换：可以对图片进行变形。

污点去除：单击该按钮，可使用图像中的一个区域样本修复另一个区域中的图像。

红眼去除：单击该按钮，在眼睛区域拖动鼠标绘制一个选区，释放鼠标后，Camera Raw根据实际情况选中红眼区域，再设置"调整"滑块，修正红眼。

调整画笔/渐变滤镜/径向滤镜：单击该按钮，可对图像局部进行曝光度、亮度、对比度、饱和度、清晰度等设置。

渐变滤镜：可以在照片上添加渐变滤镜，添加明暗对比。

径向滤镜：可以在照片上添加径向滤镜，给照片添加暗角。

Camera Raw首选项：用于调整Camera Raw常规属性。

逆时针旋转图像：用于逆时针旋转照片。

顺时针旋转图像：用于顺时针旋转照片。

调整选项卡的主要选项介绍如下。

基本：单击该按钮，打开"基本"选项卡，在其中可调整白平衡、饱和度和色调等信息。

色调曲线：单击该按钮，打开"色调曲线"选项卡，可对"参数"曲线和"点"曲线等进行设置，从而对色调进行调整。

细节：单击该按钮，打开"细节"选项卡，可对图像进行锐化处理并减少杂色。

HSL/灰度：单击该按钮，打开"HSL/灰度"选项卡，可对色相、饱和度和明亮度进行调整并调整颜色。

第13章　照片管理和处理

▤ 分离色调：单击该按钮，打开"分离色调"选项卡，可对单色图像添加颜色。

镜头校正：单击该按钮，打开"镜头校正"选项卡，可补偿相机造成的色差和晕影。

fx 效果：单击该按钮，打开"效果"选项卡，可在图像中添加颗粒和晕影效果。

相机校准：单击该按钮，打开"相机校准"选项卡，可以校正阴影中的色调和调整非中性色。

▤ 预设：单击该按钮：打开"预设"选项卡，可将主图像的调整设置存储起来，方便以后调用。

下面我们来学习Camera Raw的使用方法。

Step 1　打开素材，如图13-22所示。

图13-22　打开素材

Step 2　选择"裁剪工具"，框选裁剪区域，按回车键确定，这样就可以裁剪照片了，如图13-23所示。

图13-23 裁剪照片

Step 3 选择"缩放"工具，放大图像，再选择"污点修复画笔工具"，对脸部的污点进行去除，对污点去除工具的圆形可以拖曳边缘改变大小，如图13-24所示。

图13-24 污点去除

第13章　照片管理和处理

Step 4　在右侧"基本"选项卡上调整曝光、对比度、阴影和白色参数，调整照片的亮度，如图13-25所示。

图13-25　调整"基本"选项卡

Step 5　单击"曲线色调"选项卡，将亮调和阴影降低，将高光和暗调提高，如图13-26所示。

Step 6　单击"色调分离"选项卡，调整高光和阴影，如图13-27所示。

Step 7　选择"效果"选项卡，按图13-28所示调整。

Step 8　单击"打开图像"按钮，进入PS软件，选择图层，按Ctrl+J组合键复制图层，"模式"设为"滤色"，"不透明度"设为25%，如图13-29所示。

图13-26 曲线调整

图13-27 色调分离

第13章 照片管理和处理

图13-28 效果选项卡调整

图13-29 复制图层

Step 9 按Ctrl+Alt+Shift+E组合键盖印图层,执行"滤镜">"模糊">"表面模糊"命令,调整模糊参数,对照片进行磨皮,如图13-30所示。

Photoshop CC从入门到精通

图13-30 磨皮

Step 10 单击"确定"按钮,选择图层,按Alt键并单击添加图层蒙版,选择画笔,颜色设为白色,在图层蒙版上进行绘制,如图13-31所示。

图13-31 在图层蒙版上进行绘制

第13章　照片管理和处理

Step 11　按Ctrl+Alt+Shift+E组合键盖印图层，选择"液化"命令，调整脸型，如图13-32所示。

图13-32　液化脸型

Step 12　单击"确定"按钮，完成照片的处理，其效果如图13-33所示。

图13-33　完成效果

第14章

新媒体广告

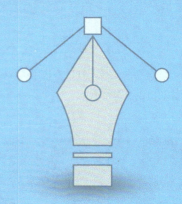

　　新媒体广告是指在新媒体营销平台上投放的广告。例如，朋友圈广告就是一种新媒体广告。制作新媒体广告是现在的新媒体运营人员必备的技能。

第14章 新媒体广告

14.1 课程封面

现在知识付费的平台越来越多,像在抖音、快手上都可以销售课程,下面给大家分享课程封面的制作。每个平台对图片尺寸的要求不同,这里我们以常规的尺寸进行制作。

Step 1 打开Photoshop软件,在菜单中执行"文件">"新建"命令,新建文档,宽度设为750像素,高度设为560像素,如图14-1所示。

图14-1 新建文档

Step 2 设置前景色为"黄色",执行"编辑">"填充"命令,填充黄色,如图14-2所示。

Step 3 打开网格素材,将其拖动到文档中,按Ctrl+T组合键,缩放表格大小,如图14-3所示。

图14-2 填充背景　　　　　　　　　图14-3 自由变换表格

Step 4　选择"圆角矩形工具",在属性栏设置填充颜色为"蓝色",在文档中绘制圆角矩形,如图14-4所示。

Step 5　选择"文字工具",字体大小设为"47",字体设为"阿里巴巴普惠体",颜色设为"白色",输入文字,如图14-5所示。

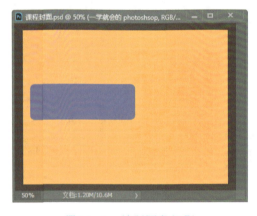

图14-4 绘制圆角矩形　　　　　　　图14-5 输入文字

Step 6　选择"文字工具",字体设为"蓝色",输入文字"原来PS还可以这么学",如图14-6所示。

Step 7　选择"文字工具",字体设为"黑色",输入课程导师介绍,如图14-7所示。

图14-6 输入文字
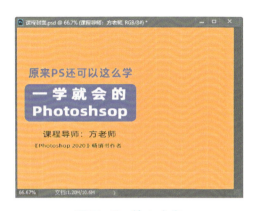
图14-7 输入文字

Step 8　打开"人物素材",将抠图好的素材拖动到右侧,调整素材位置并缩放素材大小,如图14-8所示。

图14-8 缩放素材大小

Step 9 执行"文件">"存储为"命令,保存文件,保存一份PSD格式文件,再保存一份JPG格式文件。

这样我们就完成了课程封面的制作。

> **提示:**
>
> 课程封面采用的是左文右图的构图方式,如图14-9所示。
>
>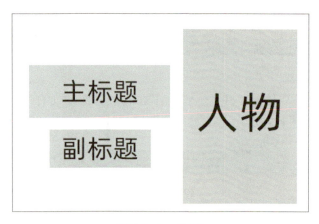
>
> 图14-9 构图
>
> 这种类型的构图方式很常用,还有左图右文、文字居中的构图方式等。

14.2 公众号封面

下面我们学习公众号封面的制作。

Step 1 在菜单中执行"文件">"新建"命令,新建文档,宽度设为900像素,高度设为400像素。

Step 2 选择"渐变工具",打开渐变编辑器,设置颜色为从蓝色到紫色的渐变,如图14-10所示。

Step 3 在渐变工具的属性栏中,设置渐变类型为"径向",在文档中拖动渐变,效果如图14-11所示。

第14章 新媒体广告

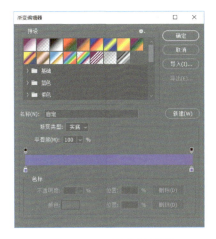
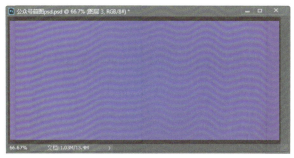

图14-10 渐变编辑器　　　　　图14-11 拖动渐变

Step 4　选择"钢笔工具",类型设为"形状",填充颜色设为紫色,在文档中绘制一个不规则的形状图层,如图14-12所示。

Step 5　在属性栏中,设置填充为渐变,选择紫色渐变,类型设为"径向",如图14-13所示。

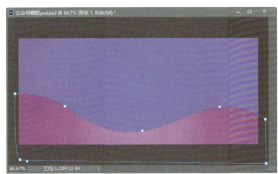
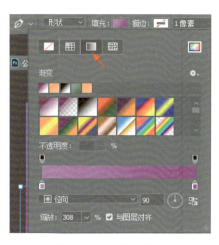

图14-12 绘制形状　　　　　图14-13 渐变设置

Step 7　设置图层的不透明度为30%,让图层和背景更加融合。

Step 8　选择"钢笔工具",颜色设为浅紫色,在文档中绘制一个不规则的形状,如图14-14所示。

241

Step 8 类型设为"径向",选择紫色渐变,如图14-15所示。

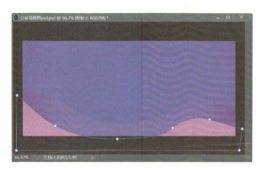

图14-14 绘制形状　　　　　　　　图14-15 设置渐变

Step 9 选择"钢笔工具",绘制不规则的形状,如图14-16所示。

Step 10 设置填充颜色,选择橙色渐变,如图14-17所示。

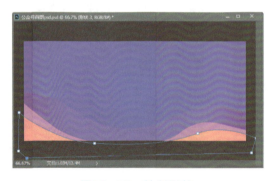

图14-16 绘制形状　　　　　　　　图14-17 设置渐变

Step 11 选择"钢笔工具",在右上角绘制不规则的形状,如图14-18所示。

Step 12 设置填充为渐变,选择紫色渐变,如图14-19所示。

第14章 新媒体广告

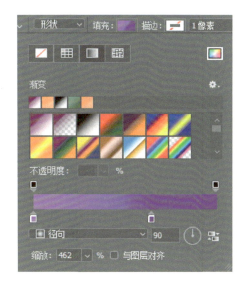

图14-18 绘制形状　　　　　　　　图14-19 设置渐变

Step 13 用同样的方法绘制左上角的形状并设置紫色渐变,如图14-20所示。

Step 14 选择"椭圆形状工具",按Shift键绘制正圆形,如图14-21所示。

图14-20 绘制形状　　　　　　　　图14-21 绘制圆形

Step 15 设置渐变颜色,如图14-22所示。

Step 16 用同样的方法再绘制几个圆形,设置填充颜色为紫色和黄色渐变,如图14-23所示。

图14-22 设置渐变颜色　　　　图14-23 绘制圆形

Step 17　选择"椭圆形状工具",在文档中绘制圆形,设置填充颜色为紫色渐变,如图14-24所示。

Step 18　再绘制一个圆形形状,设置填充颜色为紫色渐变,如图14-25所示。

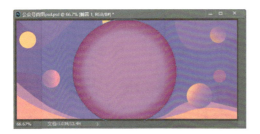

图14-24 绘制圆形　　　　图14-25 绘制圆形

Step 19　新建图层,设置前景色为紫色,按Alt+Delete组合键填充前景色,图层模式设为"柔光",如图14-26所示。

Step 20　选择"文字工具",颜色设为"白色",输入文本"年货节剁手继续",如图14-27所示。

图14-26 填充图层颜色　　　　图14-27 输入文本

Step 21　选择"移动工具",按Alt键,在文档中移动文字,即可复制文字图层,复制的文字图层作为文字的背景图层,为文字层设置描边,颜色设为"紫色",如图14-28所示。

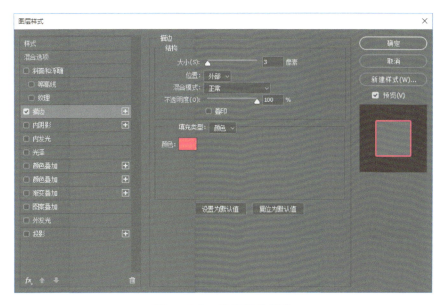

图14-28　设置描边颜色

Step 22　选择"圆角矩形工具",绘制圆角矩形,设置描边,颜色设为"白色",设置填充颜色为紫色渐变,如图14-29所示。

Step 23　选择"文字工具",颜色设为"白色",输入文本"你想买的都在这里啦!",如图14-30所示。

图14-29　绘制圆角矩形　　　　　图14-30　输入文字

Step 24　对圆形形状的位置进行调整,对底部形状图层的透明度进行调整,调整后效果如图14-31所示。

图14-31 调整图层

Step 25 执行"文件">"存储为"命令，保存文件。

这样我们就完成了公众号首图的制作。

14.3 横版二维码

在微信公众号发布的文章底部有时需要插入横版二维码，用于引导买家关注公众号，下面我们学习横版二维码的排版布局。

Step 1 新建文档宽度设为750像素，高度设为300像素。

设置前景色为蓝色，按Alt+Delete组合键填充颜色，如图14-32所示。

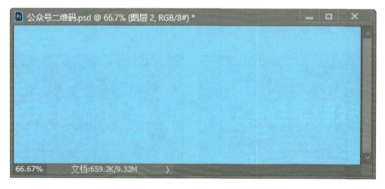

图14-32 填充颜色

Step 2 选择"钢笔工具"，类型设为"形状"，在左下角绘制一个不规则的形状，颜色设为深蓝色，如图14-33所示。

第14章　新媒体广告

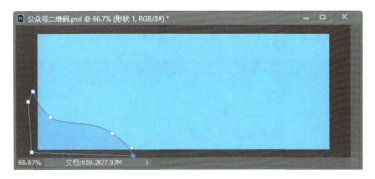

图14-33　绘制形状

Step 3　用同样的方法，再绘制几个不规则形状，设置填充颜色为"蓝色"，如图14-34所示。

图14-34　绘制形状

Step 4　选择"矩形工具"，设置填充颜色为"白色"，在文档中绘制矩形，如图14-35所示。

图14-35　绘制矩形

247

Step 5 选择"文字工具",颜色设为"蓝色",输入文本"扫一扫 更多精彩在这里",如图14-36所示。

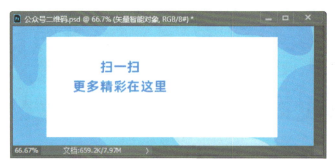

图14-36 输入文本

Step 6 选择"圆角矩形工具",设置填充颜色为"蓝色",绘制圆角矩形,如图14-37所示。

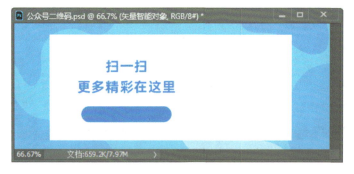

图14-37 绘制圆角矩形

Step 7 选择"文字工具",颜色设为"白色",输入文本"免费领取课程",如图14-38所示。

图14-38 输入文本

Step 8　打开二维码素材，拖动到文档中，调整合适的位置，如图14-39所示。

图14-39　调整素材

Step 9　选择"钢笔工具"，类型设为"形状"，颜色设为"红色"，绘制角标，如图14-40所示。

图14-40　绘制形状

Step 10　选择"矩形工具"，绘制角标的暗部区域，如图14-41所示。

图14-41　绘制暗部形状

Step 10　存储文件，保存为JPG格式。

14.4　方形二维码

如今广告的功能不再是单纯地推销产品，而是提供更丰富的功能，如我们在公众号发布一条软文，通过朋友圈将软文分享出去，传递给更多的受众，以达到宣传的目的，而软文的底部可以添加二维码图片，人们可以通过扫描二维码关注公众号，达到公众号引流的目的。下面学习公众号底图的制作。

Step 1　新建文件，宽度设为800像素，高度设为800像素，如图14-42所示。

图14-42　新建文档

Step 2　设置前景色为绿色，按Alt+Delete组合键，填充颜色，如图14-43所示。

Step 3　选择"钢笔工具"，属性设为"形状"，设置填充颜色为"蓝色"，绘制形状，如图14-44所示。

 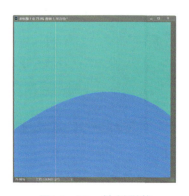

图14-43　填充颜色　　　　　　图14-44　绘制形状

Step 4　打开二维码素材，拖曳到文档中，调整大小，如图14-45所示。

图14-45　调整素材大小

图14-46　绘制矩形描边

Step 5　选择"矩形工具"，描边设为红色，绘制一个矩形，如图14-46所示。

Step 6　选择"矩形选区工具"，在左上角绘制一个矩形，创建蒙版，如图14-47所示。

Step 7　复制图层，按下Ctrl+T组合键进行自由变换，在图层上右击，在弹出的菜单中选择水平翻转，再复制图层进行自由变换，在图层上右击，在弹出的菜单中选择垂直翻转，如图14-48所示。

图14-47　绘制蒙版遮罩

图14-48　复制图层

Step 8 选择"文字工具",输入文本,字体颜色设为白色,如图14-49所示。

图14-49 输入文本

至此,我们就完成了公众号底图的制作。

14.5 朋友圈封面

现在做微商的朋友越来越多,他们每天会在朋友圈里发很多广告,这些广告可以帮助潜在的客户迅速了解产品,进而下单购买。因此朋友圈封面也需要进行相应的设计,下面我们学习朋友圈封面图片的制作。

Step 1 新建文档,宽度和高度分别设为800像素。

Step 2 打开纹理素材,拖动到文档中,按下Ctrl+T组合键,再缩放素材大小,如图14-50所示。

Step 3 选择"画笔工具",按F5键,选择画笔,如图14-51所示。

图14-50

第14章　新媒体广告

图14-51　画笔设置

Step 4　设置画笔颜色为"黑色",新建图层,绘制形状,如图14-52所示。

Step 5　将纹理素材拖动到绘制的形状图层上,按Alt键创建剪贴蒙版,如图14-53所示。

图14-52　绘制黑色形状

图14-53　创建剪贴蒙版

Step 6　打开玄武湖素材，如图14-54所示。

Step 7　选择"对象选择工具"，在文档中框选主体建筑，单击属性栏中的"选择并遮住"按钮，如图14-55所示。

图14-54　打开素材

图14-55　选择并遮住

Step 8　选择"画笔工具"，在建筑物周围绘制细节，直接绘制是显示图像，按Alt键绘制是隐藏图像，红色的区域是透明区域，"输出设置"选择为"新建带有图层蒙版的图层"，这样就进行了抠图。如图14-56所示。

Step 9　将抠好的素材拖动到文档中，创建剪贴蒙版，如图14-57所示。

图14-56　抠图

图14-57　创建剪贴蒙版

Step 10　缩放素材大小，调整素材的位置，效果如图14-58所示。

Step 11　打开植物素材，拖动到文档中，创建剪贴蒙版，复制植物图层，调整位置，效果如图14-59所示。

第14章 新媒体广告

图14-58 缩放素材

图14-59 调整植物素材位置

Step 12 选择"文字工具",颜色设置为灰色,输入文字"金陵之旅",双击文字图层,调整文字效果为"斜面和浮雕",如图14-60所示。

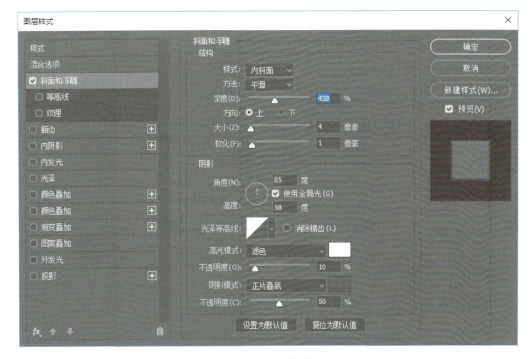

图15-60 图层样式

Step 13 单击"确定"按钮,调整后的文字效果,如图14-61所示。

Step 14 打开金属纹理素材,拖动到文字图层上,创建剪贴蒙版,图层模式调整为"线性光",如图14-62所示。

图14-61 文字样式　　　　　　　图14-62 剪贴蒙版

Step 15 选择"文字工具",颜色设置为黑色,输入文本"千年古都 唐汉风韵",如图14-63所示。

Step 16 打开装饰素材,拖动到文档的右上角位置,调整大小,如图14-64所示。

图14-63 输入文字　　　　　　　图14-64 装饰素材

14.6　打卡海报

在朋友圈经常能看到朋友们分享的读书打卡、课程学习打卡，以及学习完课程获得证书的打卡，记录日常的生活、学习情况。商家通过打卡奖励，让更多的用户分享打卡记录。这也是新媒体营销的一种方式。

Step 1　新建文件，宽度设为720像素，高度设为1280像素。

Step 2　打开月饼素材，如图14-65所示。

Step 3　将素材拖动到文档中，调整素材大小，执行"滤镜" > "模糊" > "高斯模糊"命令，调整数值，如图14-66所示。

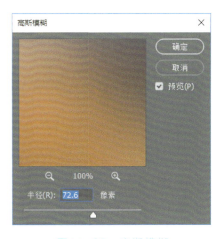

图14-65　月饼素材　　　　　　　图14-66　高斯模糊

Step 4　单击"确定"按钮，模糊效果如图14-67所示。

Step 5　选择"矩形工具"，设置填充颜色为白色，在文档中绘制一个白色的矩形，如图14-68所示。

图14-67　模糊素材　　　图14-68　绘制矩形

Step 6　选择"矩形工具",设置填充颜色为灰色,绘制一个矩形,如图14-69所示。

Step 7　选择"添加锚点工具",在左下角绘制两个锚点,选择左下角的点,按Delete键删除点,如图14-70所示。

图14-69　绘制矩形　　　图14-70　删除点

Step 8　选择月饼素材,拖动到文档中,在灰色矩形上,按Alt键创建剪贴蒙版,如图14-71所示。

Step 9　选择"钢笔工具",在左下角绘制一个三角形图层,如图14-72所示。

第14章 新媒体广告

图14-71 创建剪贴蒙版

图14-72 绘制形状

Step 10 新建图层，选择"渐变工具"，渐变颜色设为从白色到黑色的渐变，在图层上绘制渐变效果，创建剪贴蒙版，如图14-73所示。

Step 11 创建剪贴蒙版后效果如图14-74所示。

图14-73 绘制渐变

图14-74 剪贴蒙版渐变效果

Step 12 选择"文字工具"，字体设为"站酷庆科黄油体"，颜色设为"黄色"，输入文本"中秋思念"，如图14-75所示。

Step 13　复制一个文字图层，调整位置，降低文本图层的透明度，做出文字图层的投影效果。

Step 14　选择"文字工具"，颜色设为"黑色"，输入文本，如图14-76所示。

图14-75　输入文本　　　　　　图14-76　输入文本

Step 15　打开二维码素材，拖动到文档中，缩放素材大小，如图14-77所示。

图14-77　调整二维码位置

这样我们就完成了打卡海报的制作。

第15章
电商营销海报

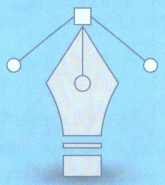

制作电商营销海报是设计师、电商运营人员日常工作中的必备技能。通过电商营销海报在多渠道进行传播裂变,可以帮助企业获客。本章我们学习关于电商营销海报的制作。

15.1 手机海报

首先我们学习手机海报的制作。

Step 1　新建文档，宽度设为720像素，高度设为1280像素。

Step 2　选择"渐变工具"，颜色设置为从橙色到红色的渐变，类型设为"径向"，在文档中拖动，如图15-1所示。

Step 3　选择"画笔工具"，硬度设为"0"，颜色设为"深红色"，在上面两个角进行绘制，如图15-2所示。

图15-1　渐变填充　　　　　图15-2　画笔绘制

Step 4　选择"椭圆工具"，绘制圆形。

Step 5　选择"圆角矩形工具"，颜色设置为红色渐变，绘制圆角矩形，调整到合适的位置，如图15-3所示。

Step 6　选择"文字工具"，输入文本"狂欢大促 品牌盛典"，设置颜色，调整字体大小，如图15-4所示。

图15-3 绘制形状

图15-4 输入文本

Step 7 选择文字图层,双击图层打开图层样式窗口,设置"投影"选项,如图15-5所示。

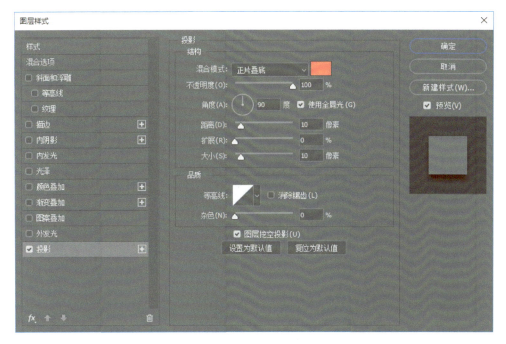

图15-5 设置投影

Step 8 复制文字图层,设置图层的"描边"样式,描边类型设为"渐变",

设置渐变的颜色,如图15-6所示。

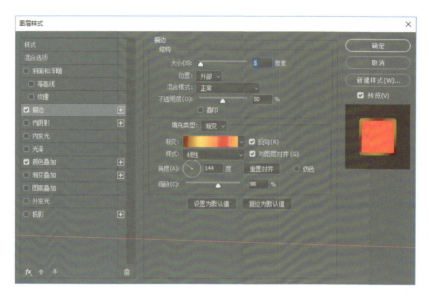

图15-6 设置描边

Step 9 在颜色叠加选项中设置颜色为红色,如图15-7所示。

图15-7 设置颜色叠加

Step 10 打开光素材,拖动到文档中,调整到合适的位置,设置图层模式为

"滤色",如图15-8所示。

Step 11 选择"文字工具",字体颜色设为白色,输入文本"双十一全球购物节"和"疯狂倒计时",如图15-9所示。

图15-8 调整光素材位置

图15-9 输入文字

Step 12 选择"矩形工具",关闭填充,描边设为白色、3像素,绘制矩形形状,如图15-10所示。

Step 13 再绘制一个矩形,设置填充颜色为白色,关闭描边,如图15-11所示。

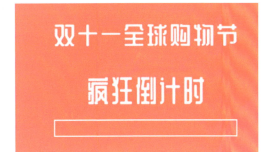

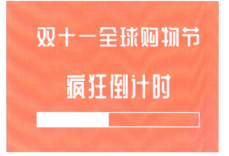

图15-10 绘制矩形形状

图15-11 绘制矩形

Step 14 选择"文字工具",输入文本,如图15-12所示。

Step 15 选择"矩形工具",描边设为白色,关闭填充颜色,绘制一个矩形,如图15-13所示。

图15-12　输入文字　　　　　图15-13　绘制矩形

Step 16　打开二维码素材，拖动到文档中，缩放到合适的大小，如图15-14所示。

图15-14　调整二维码位置　　　图15-15　调整元素位置

Step 17　打开辅助元素，拖动到场景中，调整到合适的位置，如图15-15所示。

Step 18　至此，我们就完成了手机海报的制作。

15.2 电商海报

在电商平台开店的商家需要装修店铺，下面我们学习电商海报的制作。

Step 1 新建文档，宽度设为1920像素，高度设为650像素，选择渐变工具，设置颜色为从紫色到蓝色的渐变，在文档中拖动，效果如图15-16所示。

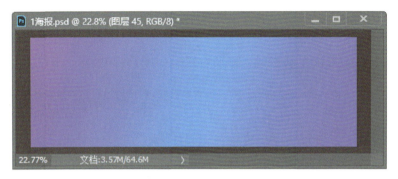

图15-16 填充颜色

Step 2 选择"钢笔工具"，设置颜色为从紫色到蓝色的渐变，绘制一个不规则的形状图层，如图15-17所示。

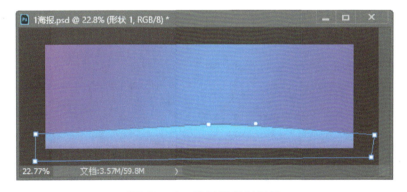

图15-17 绘制不规则形状

Step 3 选择"椭圆工具"，颜色设为深蓝色，绘制椭圆形，如图15-18所示。

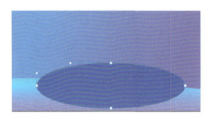

图15-18　绘制椭圆形

Step 4　选择椭圆形形状图层，按Alt键复制图层，设置填充颜色为浅蓝色，如图15-19所示。

Step 5　再按Alt键复制图层，移动位置，如图15-20所示。

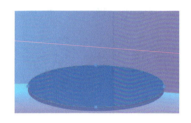
图15-19　复制图层

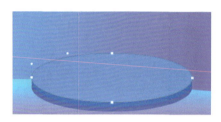
图15-20　复制图层

Step 6　再复制一个图层，双击图层打开图层样式窗口，设置"描边"，描边颜色设为白色，如图15-21所示。

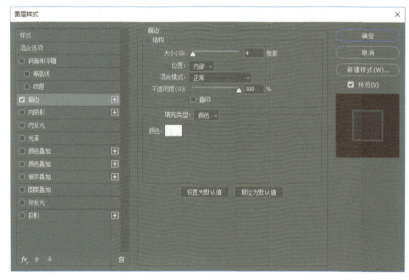

图15-21　设置描边

Step 7 再复制一个图层，设置颜色为紫色，按Ctrl+T组合键设置椭圆的大小，调整椭圆位置，如图15-22所示。

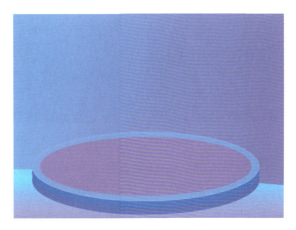

图15-22 调整椭圆位置

Step 8 选择"椭圆工具"，设置颜色为白色，绘制椭圆形状，双击图层打开图层样式窗口，设置外发光，颜色设为白色，如图15-23所示

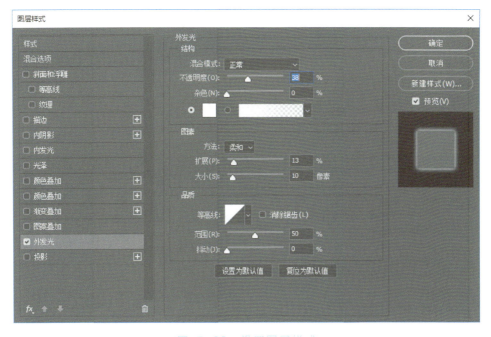

图15-23 设置图层样式

Step 9 发光后效果如图15-24所示。

Step 10 再复制白色发光圆形图层,如图15-25所示。

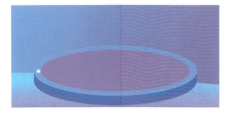
图15-24 设置发光

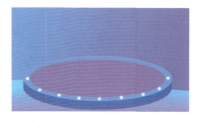
图15-25 复制发光圆形图层

Step 11 选择"椭圆形工具",设置颜色为深蓝色,绘制一个圆形作为背景,执行"滤镜模糊">"高斯模糊命令",效果如图15-26所示。

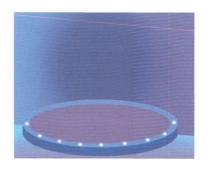
图15-26 绘制圆形

Step 12 打开洗衣机和冰箱素材,拖动到文档中,调整合适的大小,如图15-27所示。

图15-27 调整素材

Step 13   选择"钢笔工具",在洗衣机和冰箱下绘制一个形状,用于制作投影,执行"滤镜">"模糊">"高斯模糊"命令,模糊后效果如图15-28所示。

图15-28   设置投影

Step 14   选择"文字工具",设置颜色为白色,输入文本"智能生活",如图15-29所示。

图15-29   输入文本

Step 15   按Alt键复制一个文字图层,作为文字的背景层,字体颜色改为"紫色",在图层上右击,在弹出的菜单中选择"栅格化",栅格化图层。

Step 16   选择栅格化的图层,按"Alt+方向键向右键+方向键向下键"复制图层,复制4次,再合并复制的紫色图层,如图15-30所示。

Step 17   新建图层,创建剪贴蒙版,使用多边形套索工具,绘制选区,选择"画笔工具",选择深紫色,在剪贴蒙版图层上绘制投影的转折结构,如图15-31所示。

图15-30　复制图层　　　　　　　　图15-31　画笔绘制

Step 18　选择"文字工具",字体颜色设为白色,输入文本"双12提前抢"。

Step 19　按Alt键移动图层并进行文字图层的复制,设置颜色为紫色,调整图层的位置,如图15-32所示。

Step 20　选择"圆角矩形工具",设置颜色为紫色渐变,描边设为黄色、6像素,绘制一个圆角矩形,如图15-33所示。

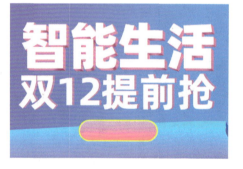

图15-32　文本复制　　　　　　　　图15-33　绘制圆角矩形

Step 21　选择"文字工具",输入文本"立即抢购>",如图15-34所示。

图15-34　输入文本

Step 22　打开装饰元素素材，将素材拖动到文档中，调整到合适的位置，如图15-35所示。

图15-35　调整素材元素

Step 23　至此，我们就完成了电商海报的制作。

15.3　邀请函

邀请函的主体内容一般是由标题、称谓、正文、落款组成的。下面我们学习邀请函的制作。

Step 1　新建文件，宽度设为780像素，高度设为1386像素，如图15-36所示。

图15-36　新建文档

Step 2 打开"背景素材",将素材拖动到文档中,如图15-37所示。

Step 3 选择"矩形工具",在属性栏关闭填充功能,描边设置为黄色、描边大小为3像素,在文档中绘制一个矩形,如图15-38所示。

图15-37 拖动素材　　　　图15-38 绘制矩形

Step 4 选择矩形图层,按Alt键复制图层,移动图层位置,如图15-39所示。

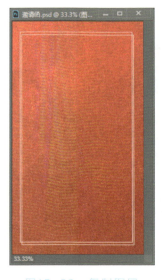

图15-39 复制图层　　　　图15-40 绘制矩形

Step 5 选择"矩形工具",设置填充颜色为黄色,在文档中绘制一个矩形,如图15-40所示。

Step 6 选择"矩形工具",在属性栏关闭填充功能,描边设置为红色、3像素,在文档中绘制一个矩形,如图15-41所示。

Step 7 选择"文字工具",字体颜色设为红色,在文档中输入文本,如图15-42所示。

图15-41 绘制矩形

图15-42 输入文本

Step 8 选择"直线工具",在英文字母前后绘制两条直线,如图15-43所示。

Step 9 选择"文字工具",在文档中输入"感恩相伴"和"企业年终盛典颁奖",如图15-44所示。

图15-43 绘制直线

图15-44 输入文本

Step 10　选择"文字工具",输入"冰豹教育集团"。如图15-45所示。

Step 11　选择"文字工具",输入时间和地址,如图15-46所示。

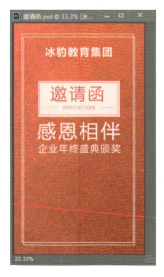
图15-45　输入文本

图15-46　输入文本

Step 12　打开图案素材1,拖动到文档中,移动到合适的位置,如图15-47所示。

Step 13　选择"直线工具",在图案的两侧绘制直线,如图15-48所示。

图15-47　拖动素材到文档中

图15-48　绘制直线

Step 14　打开图案素材2,拖动到文档中,如图15-49所示。

Step 15　打开二维码素材，拖动到文档中，移动到合适的位置，如图15-50所示。

图15-49　拖动素材到文档中　　　　图15-50　添加二维码

这样我们就完成了邀请函的制作。

15.4　微商海报

将产品直观地展示在广告版面上，着力渲染产品的质感、形态和功能，将产品的全貌生动地呈现出来，这种设计方法可以给人真实感，直接刺激消费者的购买欲望，下面我们讲解微商海报的制作。

Step 1　新建文档，宽度设为800像素，高度设为400像素，选择粉红色填充文档，如图15-51所示。

Step 2　选择"矩形工具"，绘制矩形，如图15-52所示。

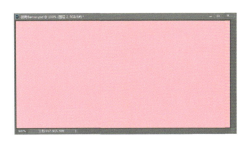
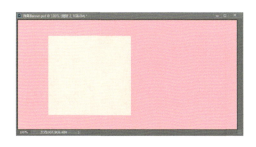

图15-51　新建文档　　　　图15-52　绘制矩形

Step 3　选择矩形工具，关闭填充功能，描边设置为黄色、4像素，如图15-53所示。

Step 4　选择"椭圆圆形工具"，设置颜色为白色，在文档中绘制圆形，如图15-54所示。

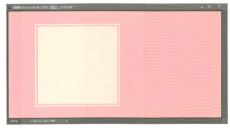
图15-53　绘制矩形描边

图15-54　绘制圆形

Step 5　按Alt键复制圆形图层，移动圆形的位置，双击图层改变圆形的颜色，按Ctrl+T组合键进行自由变换，如图15-55所示。

Step 6　选择"文字工具"，输入文字，如图15-56所示。

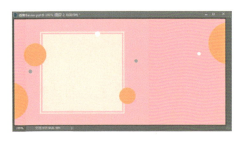
图15-55　复制形状

图15-56　输入文字

Step 7　选择"矩形工具"，颜色设置为白色，绘制一个矩形。

Step 8　选择"文字工具"，输入"立即购买"，如图15-57所示。

图15-57　输入文本

Step 9　打开人物素材，如图15-58所示。

Step 10　执行"选择并遮住"命令，对素材进行抠图，如图15-59所示。

图15-58　打开素材　　　　图15-59　人物抠图

Step 11　将素材拖动到文档中，移动到合适位置，如图15-60所示。

图15-60　完成海报制作

这样我们就完成了微商海报的制作。

第16章

平面广告

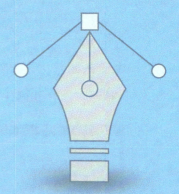

无论在大街上看到的招贴海报,还是商场里的宣传单页,以及书籍、杂志等都可以用Photoshop制作,本章我们学习平面广告的制作。

第16章　平面广告

16.1　招贴海报

招贴海报可以用于实体门店的产品展示，海报中需要体现产品的促销力度、活动优惠时间等。下面我们学习招贴海报的制作。

Step 1　新建文档，宽度设为21cm，高度设为29.7cm，分辨率设为300像素/英寸。

Step 2　在图层面板上，单击"新建填充图层"按钮，创建新的填充图层，颜色设为"黄色"，如图16-1所示。

Step 3　打开大闸蟹素材，将素材拖动到场景中，调整素材的位置和大小，如图16-2所示。

图16-1　创建填充图层　　　　图16-2　调整素材位置

Step 4　新建图层，选择"画笔工具"，颜色设为"黑色"，绘制大闸蟹的投影，如图16-3所示。

Step 5　选择"文字工具"，字体设为书法字体，颜色设为"红色"，输入文本"大闸蟹"，如图16-4所示。

图16-3 画笔绘制　　　　　　图16-4 输入文本

Step 7　复制一个文字图层，降低透明度，移动图层位置，作为文字的投影。

Step 8　选择"文字工具"，输入文本，如图16-5所示。

图16-5 输入文本

Step 9　选择"文字工具"，输入文字"￥99元/份"，调整字体大小。

Step 10　选择"圆角矩形工具"，颜色设为"红色"，绘制圆角矩形。

Step 11　选择"文字工具"，颜色设为"白色"，输入文本"口感柔软 色泽金黄"，如图16-6所示。

Step 12　选择"文字工具"，颜色设为"红色"，在右上角输入文本"舌尖诱惑美味"。

Step 14　选择"文字工具",在右下角输入文本"扫一扫有礼品"。

Step 15　打开二维码素材,拖动到海报左下角,调整二维码大小,如图16-7所示。

图16-6　输入文本

图16-7　调整素材

Step 16　选择"画笔工具",在文档上绘制印章效果,如图16-8所示。

Step 17　选择"直排文字工具",颜色设为"白色",输入文本,如图16-9所示。

图16-8　画笔绘制

图16-9　输入文本

Step 18　打开多边形背景素材,拖动到背景黄色图层上,降低图层透明度,效果如图16-10所示。

图16-10　背景素材

至此,我们就完成了大闸蟹的招贴海报的制作。

16.2　代金券

发放代金券是商家的一种优惠活动,代金券可以在购物中抵扣同样等值的现金使用。当购物者购买某种特定的产品时,凭券可享有一定的优惠。当设计代金券时需要体现代金券的金额和使用规则,下面我们学习代金券的制作。

Step 1　新建文档,宽度设为17.6cm,高度设为7.6cm。

Step 2　打开火锅素材,拖动到文档中,将素材调整到合适的大小,如图16-11所示。

第16章 平面广告

图16-11 调整素材文字

Step 3 选择"文字工具",颜色设为"灰色",输入文本"代金券",如图16-12所示。

图16-12 输入文本

Step 4 复制一个文字图层,移动其位置,将图层透明度降低,作为文字的投影。

Step 5 打开金属素材,拖动到文字图层上,然后创建剪贴蒙版,如图16-13所示。

图16-13 创建剪贴蒙版

Step 6　选择"圆角矩形工具",颜色设为"黄色",绘制形状,如图16-14所示。

Step 7　选择"文字工具",颜色设为"白色",输入文本,如图16-15所示。

图16-14　绘制圆角矩形　　　　　　图16-15　输入文字

Step 8　选择"椭圆形工具",颜色设为"黄色",在文档中绘制圆形。

Step 9　选择"文字工具",在圆形位置输入文本"100元代金券",如图16-16所示。

图16-16　输入文本

Step 10　选择"椭圆形工具",颜色设为"黄色",在右上角绘制圆形,选择"文字工具",输入文本"口袋鲨",如图16-17所示。

图16-17　绘制圆形输入文本

Step 11　选择"文字工具",颜色设为"黄色",输入文本"每人限用一次"。

Step 12　选择"文字工具",输入文本,如图16-18所示。

Step 13 选择"文字工具",输入联系电话,如图16-18所示。

图16-18 输入文本

Step 14 如果想让背景有些变化,我们可以在背景上添加背景素材,打开多边形素材,拖动到背景图层上,调整到合适的位置,如图16-19所示。

图16-19 调整背景素材

Step 15 至此,我们就完成了代金券的制作。

16.3 展架

展架是一个用于广告宣传的展示用品。展架被广泛地应用于大型卖场、商场、超市、展会、公司、招聘会等场所。下面我们学习展架的制作。

Step 1 新建文档,宽度设为60cm,高度设为160cm,分辨率设为150像素/

英寸。

Step 2 选择"矩形工具",颜色设为"蓝色",绘制一个矩形,执行"编辑">"变换">"扭曲"命令,调整多边形形状,如图16-20所示。

Step 3 选择"直线工具",颜色设为"蓝色",绘制直线,如图16-21所示。

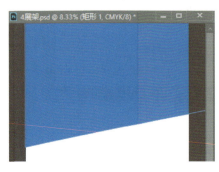
图16-20 绘制形状图层

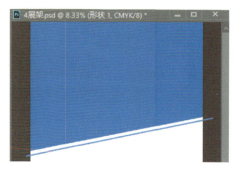
图16-21 绘制直线形状

Step 4 选择"钢笔工具",绘制三角形,如图16-22所示。

Step 5 打开建筑素材,拖动到三角形图层上,创建剪贴蒙版,如图16-23所示。

图16-22 绘制三角形

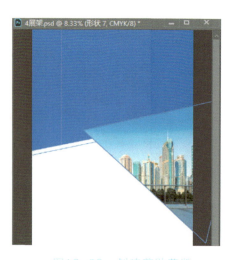
图16-23 创建剪贴蒙版

Step 6 选择"文字工具",输入文本,按Ctrl+T组合键进行自由变换,缩放大小,如图16-24所示。

Step 7 选择"文字工具",字体颜色设为"黄色",输入英文,如图16-25所示。

图16-24 输入文本

图16-25 输入英文

Step 8 选择"直线工具",绘制两条直线,如图16-26所示。

Step 9 选择"矩形工具",在左上角绘制矩形。

Step 10 选择"文字工具",输入公司名称和网址,如图16-27所示。

图16-26 绘制直线

图16-27 输入文本

Step 11 选择"文字工具",颜色设为"蓝色",输入文字"公司介绍"。

Step 12 选择"文字工具",颜色设为"黑色",输入文字"COMPANY INTRODUCTION"。

Step 13 选择"文字工具",颜色设为"黑色",输入公司介绍全文,如图16-28所示。

图16-28 输入文本

Step 14 选择"文字工具",设置字体大小和颜色,输入招聘岗位和岗位介绍,如图16-29所示。

第16章 平面广告

图16-29 输入文本

Step 15 复制设计师岗位图层并向下移动图层位置，修改图层内容，如图16-30所示。

图16-30 修改内容

Step 16 选择"自定义形状工具"，在属性栏设置填充颜色为"蓝色"，在"形状"上单击设置图标并选择"全部",载入全部形状,选择一个箭头形状,如图16-31所示。

图16-31 自定义形状

Step 17 绘制自定义形状,如图16-32所示。

图16-32 绘制形状

Step 18 选择"矩形工具",颜色设为"黄色",在底部绘制矩形,调整矩形形状,如图16-33所示。

Step 19 复制形状图层,颜色设为"蓝色",向下移动该图层,如图16-34所示。

第16章　平面广告

图16-33　绘制形状　　　　　图16-34　设置颜色

Step 20　选择"直线工具",绘制三条直线,如图16-35所示。

Step 21　选择"文字工具",输入文本,如图16-36所示。

图16-35　绘制直线　　　　　图16-36　输入文字

Step 22　选择"文字工具",输入咨询电话和地址,如图16-37所示。

Step 23　选择"直线工具",绘制形状,如图16-38所示。

图16-37　输入文字　　　　　图16-38　绘制形状

Step 24 打开二维码素材,拖动到文档中,调整到合适的大小,如图16-39所示。

Step 25 整体效果,如图16-40所示。

图16-39 调整素材

图16-40 制作完成

Step 26 打开样机文件,将制作好的文件合并,拖动到样机上,并且缩放大小、调整位置,如图16-41所示。

图16-41 展架展示

附录　Photoshop CC快捷键

基本工具	快捷键
移动工具	V
矩形选框工具/椭圆选框工具	M
套索工具/多边形套索工具/磁性套索工具	L
快速选择工具/魔棒工具	W
裁剪工具/透视裁剪工具/切片工具/切片选择工具	C
吸管工具/颜色取样器工具/标尺工具/注释工具/计数工具	I
污点修复画笔工具/修复画笔工具/修补工具/红眼工具	J
画笔工具/铅笔工具/颜色替换工具/混合器画笔工具	B
仿制图章工具/图案图章工具	S
历史记录画笔工具/历史记录艺术画笔工具	Y
橡皮擦工具/背景橡皮擦工具/魔棒橡皮擦工具	E
渐变工具/油漆桶工具	G
减淡工具/加深工具/海绵工具	O
钢笔工具/自由钢笔工具	P
横排文字工具/直排文字工具/横排文字蒙版工具/直排文字蒙版工具	T
路径选择工具/直接选择工具	A
矩形工具/圆角矩形工具/椭圆工具/多边形工具/直线工具/自定义形状工具	U
抓手工具	H或空格键
旋转视图工具	R
缩放工具	Z

"文件"菜单下的命令	Windows	macOS
新建	Ctrl+N	Command+N
打开	Ctrl+O	Command+O

	Windows	macOS
关闭	Ctrl +W	Command+W
存储	Ctrl +S	Command+S
存储为	Ctrl Shift+S	Command+Shift+S
打印	Ctrl +P	Command+P
关闭	Ctrl +Q	Command+Q

"编辑"菜单下的命令	Windows	macOS
剪切	Ctrl +X	Command+X
复制	Ctrl+C	Command+C
粘贴	Ctrl +V	Command+V
后退一步	Ctrl +Z	Command+Z
后退多步	Ctrl Shift+Z	Command+Shift+Z

"图像"菜单下的命令	Windows	macOS
色阶	Ctrl+L	Command+L
色相/饱和度	Ctrl+U	Command+U
色彩平衡	Ctrl+B	Command+B
黑白	Alt+Shift+Ctrl+B	Option+Shift+Command+B
反相	Ctrl+I	Command+I
去色	Shift+Ctrl+U	Shift+Command+U
自动色调	Shift+Ctrl+L	Shift+Command+L
自动对比度	ALT+Shift+Ctrl+L	Option+Shift+Command+L
自动颜色	Shift+Ctrl+B	Shift+Command+B
图像大小	ALT+ Ctrl +I	Option +Command+I
画布大小	ALT+Ctrl+C	Option +Command+C

"图层"菜单下的命令	Windows	macOS
新建图层	Shift+Ctrl+N	Shift+Command+N
通过拷贝的图层	Ctrl+J	Command+J
通过剪切的图层	Shift+Ctrl+G	Shift+Command+G

图层编组	Ctrl+G	Command+G
合并图层	Ctrl+E	Command+E
合并可见图层	Shift+Ctrl+E	Shift+Command+E
盖印图层	Ctrl+ALT+Shift+E	Command + Option + Shift+E

"选择"菜单下的命令	Windows	macOS
全选	Ctrl+A	Command+A
取消选择	Ctrl+D	Command+D
重新选择	Shift+Ctrl+D	Shift+Command+D
反选	Shift+Ctrl+I	Shift+Command+I
所有图层	ALT+Ctrl+A	Option + Command+A
选择并遮住	ALT +Ctrl+R	Option + Command+R

"视图"菜单下的命令	Windows	macOS
放大	Ctrl++	Command++
缩小	Ctrl+-	Command+-
按屏幕大小缩放	Ctrl+0	Command+0
显示额外内容	Ctrl+H	Command+H
网格	Ctrl+'	Command+'
参考线	Ctrl+;	Command+;
标尺	Ctrl+R	Command+R

"滤镜"菜单下的命令	Windows	macOS
上次滤镜的操作	Ctrl+F	Command+F
Camera RAW	Shift+Ctrl+A	Shift+Command+A
液化	Shift+Ctrl+X	Shift+Command+X